女人四十取舍之道

NÜRENSISHI
QUSHEZHIDAO

孙郡锴◎编著

天津出版传媒集团

天津科学技术出版社

图书在版编目（CIP）数据

女人四十取舍之道 / 孙郡锴编著． —天津：天津科
学技术出版社，2015. 5
ISBN 978-7-5308-9763-8

Ⅰ．①女…　Ⅱ．①孙…　Ⅲ．①女性—人生哲学—通俗
读物　Ⅳ．①B821-49

中国版本图书馆CIP数据核字（2015）第103954号

责任编辑：石　崑
责任印制：兰　毅

天津出版传媒集团

天津科学技术出版社

出版人：蔡　颢
天津市西康路35号　邮编 300051
电话（022）23332369（编辑室）
网址：www. tjkjcbs. com. cn
新华书店经销
北京溢漾印刷有限公司印刷

开本 710×1000　1/16　印张 18　字数 220 000
2015年7月第1版第1次印刷
定价：32. 80元

　　生活中人们往往只关注于男人的一些为人处世原则，而忽略了女人的存在。总是认为只要男性处事得当，事业一帆风顺，家庭就能幸福美满了。事实上，这种观点并不正确，要知道"每个成功男人背后都有一个伟大的女人"，而每个失败的男人背后同样有一个女人。可以说，女人的处世原则及行为不但直接影响着身边男人的成败，更维系着婚姻家庭的美满与否。

　　日升月落不经意间，春秋交替已经过了40个年头，年轻时的任性与冲动，已被岁月磨砺殆尽，失去了青春的棱角，却换上举手投足间的自信和优雅。

　　于是，40岁女人对于自我和世界都有了更深刻的认识，年轻时的浮躁与冲动、天真与无知都逐渐被智慧所取代。40岁女人不会抱怨年华的逝去，因为正是如水般流淌的岁月荡涤了张扬的光芒和起落的尘埃，使她们走向女人的极致。40岁女人已经真正地懂得了成熟的含义，即使生活中有一些不如意，却已经开始聪明地选择妥协与忍让。

40 岁的女人，懂得随遇而安地欣赏社会人生的形形色色，能够游刃有余地处理各种复杂的人和事，真正地把握自己，掌控人生。可以说，"装傻"是一种境界，而聪明的 40 岁女人往往深谙这门处世哲学的道理。

　　女人如花，需要男人的呵护；女人如水，需要男人的包容，可是在 40 岁的时候，女人更需要的不再是单纯的依赖与保护。更多的时候，自信与自立更重要。

　　家庭与事业，成功与失败，名与利，一切的一切，怎么样去取舍，怎么样去平衡，本书也仅仅阐述了一些简单的观点，只是希望在阳光的午后，能给安静阅读的你一点小小的启示。

一　做一个高雅的贵妇人

女人四十一枝花。女人，真正的美丽不在于含笑的眼，细细的眉。舒婷有句话说得好"无论在她养尊处优的豆蔻年华抑或是艰难困苦的抗战时期，她都绽放着最淳朴最率真的笑容，一览无余地袒露洁白无垢的心地，恬淡内敛的聪慧，以及宠辱不惊的阅世方寸"。

40 岁女人通常是优雅的，岁月的流逝不仅仅是带走青春的年华，它往往给人洗去青春的懵懂，留下成熟的雅韵，即便 40 岁的女人在眉梢眼角仍然避免不了岁月的纹路，但是顾盼间的风姿却是青春少艾所不具有的，所以 40 岁的女人不再是仅仅依靠美丽的外表来武装自己，她更需要的是增加自己的内涵将内在气质与外在美丽结合在一起，做一个真正的魅力女人。

美丽从妆容开始……………………………………………………………… 2

呵护好春天里的最后一朵玫瑰……………………………………………… 4

合理膳食，从内而外的美丽………………………………………………… 8

做一个优雅的品位女人 ……………………………………………………… 10

气质与风情，你不可缺少的武器 …………………………………………… 12

以知性来提升自己的魅力 …………………………………………………… 15

自信的女人最美丽 …………………………………………………………… 18

智慧让 40 岁女人光芒四射 ………………………………………………… 21

雅致的书香为你增添芬芳 …………………………… 23

音乐让你的世界更美好 ……………………………… 28

要有自己的爱好 ……………………………………… 30

优雅的人生态度找到一份与年龄相称的坦然 ……… 33

二　用爱和宽容照亮幸福的人生

　　对 40 岁女人来说，家庭即便不是生活的全部，至少也是生活中最重要的内容，守护丈夫与孩子就是她们最大的幸福。40 岁的你应该明白，营造幸福家庭需要爱，也需要宽容，幸福的婚姻是需要心血和精力来精心呵护的，付出关爱，你也就得到了阳光灿烂的一生。

用爱给婚姻做"保鲜"护理 ………………………… 38

从容应对婚姻中的"N 年之痒" …………………… 42

用心找回失落的幸福 ………………………………… 45

用沟通帮婚姻释放"恶性能量" …………………… 47

管他就像放风筝，收放要适度 ……………………… 50

做一个新好妻子的 14 条定律 ……………………… 52

以宽容之心给爱一次机会 …………………………… 55

关爱，婚姻生活最永恒的黏合剂 …………………… 60

这些话千万不要对他说 ……………………………… 62

不要总盯着他的钱袋子 ……………………………… 66

三　如果希望掌握永恒，那你必须控制现在

40岁女人往往是从容淡定的，即使在面对人情世故这样微妙而复杂的问题时也能够做到掌控自如，不再像无知的少女一样遇到难题就毛躁不安、不知所措。

优雅的40岁女人往往在自己的圈子中有着较高地位，她们举手投足之间都是众人关注的焦点，她们要不断地完善自己，在尘世俗务中表现超然的境界。

40岁女人对待人事物，分寸拿捏得要恰到好处，遇事也不能一触即跳，做一个控制生活的自我女人。

做一个了解自己的女人 …………………………………… 70

为自己谋划一个好出路 …………………………………… 72

40岁转行并不太晚 ………………………………………… 75

40岁创业，让梦想照亮现实 ……………………………… 78

家庭向左，事业向右 ……………………………………… 82

40岁，让激情持续燃烧 …………………………………… 83

每天都要进步一点点 ……………………………………… 86

定时为自己充电 …………………………………………… 87

抓住升职的机遇 …………………………………………… 90

做好职场中的年龄减法 …………………………………… 94

职场中的"女人味" ……………………………………… 97

与同事交往的学问 ………………………………………… 99

六招让你成为职场明星 …………………………………… 102

40岁女人的职场修炼方法 ………………………………… 104

抛弃女人的科技冷漠感 …………………………………… 107

四　话要说到位，事要留余地

　　40 的女人，交际的圈子往往不再是单单的朋友与家庭，她往往要面对的是更多的事业上的伙伴。而当今在这个越来越以礼仪与礼貌作为交际标准的社会，40 岁女人只有适当运用得体的语言、优雅的举止来表现自己，展现自己的独特个性魅力，这样才能做到在自己的圈子里如鱼得水的应酬自如。人都是自尊且自强的，切不可为了一时的口舌之快，得罪了你周遭的人，作为 40 岁成熟女性的你更是要时刻注意。

如沐春风般的谈话…………………………………………………… 112

让你的语言减少矛盾………………………………………………… 116

通达的女人不会刻意表现自己……………………………………… 123

聪明的女人要口下留情……………………………………………… 125

委婉地提醒对方的错误……………………………………………… 127

任何场合，保持应有的涵养………………………………………… 130

和多数人站在同一立场上…………………………………………… 132

巧妙地运用暗示……………………………………………………… 134

给别人留面子，给自己留余地……………………………………… 137

不说他人是非的人最受欢迎………………………………………… 140

话切莫说绝…………………………………………………………… 141

在社交中做一个聪明的"傻女人"………………………………… 145

五　把生活纳入自己的轨道

　　40 岁女人在爱情与事业间已经摸爬滚打了半世之久，红尘间的恩恩怨怨早已经是厌烦的陈年旧事了，人与人之间的钩心斗角，早已是渴望逃避开的纷繁世事，可是，人活在世上就避免不了要跟各种各样的人发生联系，而欺诈、竞争、不平衡等等这些，都是逃避不开的烦恼。快乐不是别人给的，在这样的世界里，如何快乐地生活，是一个40岁的女人应该自己去努力寻找的方向。

40 岁女人，首先要学会爱自己 …………………………………… 148

知道自己要什么不要什么 …………………………………… 151

阳光下的"半边天" …………………………………… 155

得意的 40 岁的你 …………………………………… 159

收起你的脾气和眼泪 …………………………………… 161

智慧 40 岁女人懂得如何抓住社交主动权 …………………… 163

将人际矛盾在 24 小时内解决掉 …………………………… 164

40 岁女人不与孤独同行 …………………………………… 166

"幸福感"和养成计划 …………………………………… 168

开发生活乐趣，让自己笑口常开 ………………………… 170

一定要学会控制自己的情绪 ……………………………… 172

自如应付同性的嫉妒 ……………………………………… 175

六　放下是一种境界

爱情、家庭、事业，女人到了40岁的时候，围绕在你身边的种种，是不是早已成为枷锁牢牢地把你困住？该放下的统统放下，无论是对爱人的他还是自己的子女，又或者是同事、朋友，用一颗平常心，不多求，不奢求，看似亏待自己，实际上是给自己一颗放飞的心。

不要为打翻的牛奶哭泣 …………………………………… 180

40 岁都市白领女人的减压策略 …………………………… 182

抛下重负开始减法生活 …………………………………… 185

既要拿得起，也要放得下 ………………………………… 188

40 岁女人拥有不在乎的资格 ················· 191

苛求完美其实是一种病态 ················· 196

祛除心灵的斑点 ················· 200

用感恩的心来看待生活 ················· 204

宽容别人就是善待自己 ················· 208

七　随缘以清心，日日是好日

　　40 岁的女人开始懂得，过分的执著是扼杀快乐的罪魁祸首。随缘而安、随遇而安，这样的生活态度往往可以令自己活得更加超然于超脱。

　　40 岁之前，你可以为了一个问题纠结良久，只为了寻求一个满意的答案，40 岁之后，如果你还在苦苦追寻一个问题的答案，而错过了生命中擦肩而过的幸福，你将会在稍晚的时候懊恼不已。人生在世只有短短的几十年，如果不努力地享受生活，去从生活中发掘小小的幸福快乐，你的一生是不是太过平淡和苦闷？40 岁的女人，放飞自己的心情，让自己的每一天都能够在愉悦的心情中度过。

凡事做退一步想 ················· 212

享受生活是每个女人的权利 ················· 213

重拾往日的快乐美好 ················· 217

过好今天也就抓住了快乐 ················· 220

不做坏脾气的女人 ················· 223

每日都与好心情相伴 ················· 226

40 岁女人告别虚荣 ················· 229

超出需要钱就是废纸 ················· 231

做可爱的"糊涂"女人 ················· 234

八　知足是福，平安是乐

40 岁的女人，如果被问到幸福是什么，你是不是还会犹豫良久而没有答案？幸福，不仅仅是物质的丰裕，它更是一个人的心境。

世界上的苦闷人往往都是因为自己的欲望太多，拥有再多的物质他也仍然不能满足，一世的追求到最后却往往只是一场空，丢失的很可能是亲情、爱情、友情等这些物质与金钱不能衡量的东西。

所以丢掉无止境的欲望，珍视自己已然拥有的东西，你才会从中获得快乐，并且你的人生财富无法估量。所以，幸福与否的决定权就在于你自己。

知足是打开幸福之门的钥匙 …………………………………… 238

品味做一个凡人的快乐 ……………………………………… 242

幸福就是兼顾事业和家庭 …………………………………… 247

身外之物，不必奢恋 ………………………………………… 255

眼睛不要只盯在名利上 ……………………………………… 259

放下你的攀比之心 …………………………………………… 262

幸福人生的半半哲学 ………………………………………… 265

简单生活就是快乐生活 ……………………………………… 269

女人要学会知足与感恩 ……………………………………… 272

一 做一个高雅的贵妇人

女人四十一枝花。女人，真正的美丽不在于含笑的眼，细细的眉。舒婷有句话说得好"无论在她养尊处优的豆蔻年华抑或是艰难困苦的抗战时期，她都绽放着最淳朴最率真的笑容，一览无遗地袒露洁白无垢的心地，恬淡内敛的聪慧，以及宠辱不惊的阅世方寸。"

40岁女人通常是优雅的，岁月的流逝不仅仅是带走青春的年华，它往往给人洗去青春的懵懂，留下成熟的雅韵，即便40岁的女人在眉梢眼角仍然避免不了岁月的纹路，但是顾盼间的风姿却是青春少艾所不具有的，所以40岁的女人不再是仅仅依靠美丽的外表来武装自己，她更需要的是增加自己的内涵将内在气质与外在美丽结合在一起，做一个真正的魅力女人。

美丽从妆容开始

人生到了 40 岁，也许昔日美丽的容颜早已被岁月的风霜所侵蚀，可是，当你放弃了自己，习惯了臃肿的外表，你会发现，生活的美好也在渐渐地远离，谁说女人一定要为悦己者容？女人要对自己好一点。40 岁的女人要懂得精心保养自己，这样在红颜渐逝时，就仍然可以保持女性魅力，在气质上更加动人，保持好形象不仅有利于夫妻关系的融洽，更可以增强自信，对女人来说，还有比这更美妙的事吗？

人们常说："三分长相，七分打扮。"一个 40 岁的女人，如果不懂得利用化妆来演绎自己的风情和美丽，那真是一种遗憾，而如果一个女人太看重化妆而又不懂化妆，那就更让人惋惜了。

我们其实渴望自己是化不化妆都很美的女人。就是说，我们不能总是"一张不化妆的脸"，也不能总是"一张化着妆的脸"，那都太单调、太欠丰富。

女性在化妆时的表情和心情是最好的，抹眼影涂口红的瞬间，眼睛和身心都会因为美丽的层层实现而大放光彩。落妆时则有卸下束缚的放松感和自由感带来的美丽。

女人身上总有一场看不见的"化妆"与"素面"的争论，她们在比较谁更漂亮。此时的女人一定会站在"素面"一边，因为女人在无意识中都希望自己化妆前比化妆后更美丽。实际上是这种美化了"素面"不输给"妆面"的心理会成为一种能量在每晚鼓励着女人，使"素面"真的会增添些美丽，而不怕年龄的增长。不久后，女人又希望用化妆使"素面"的美丽增倍，渐渐地，随着化妆技巧的提高，"妆面"也变得更美了。

"素面"与"妆面"来回交替的过程中，女人变美了，这就是化妆真正应达到的效果。因此，女人应谨记，千万不要成为"永远不识真面目的女人"或"永远不化妆的女人"中的任何一种。

有一位 40 岁的化妆师，她是真正懂得化妆，而又以化妆闻名的。

一次，有人问她"你研究化妆这么多年，到底什么样的人才算会化妆？化妆的最高境界到底是什么"？

对于这样的问题，这位百媚千娇的化妆师露出一个深深的微笑。她说："化妆的最高境界可以用两个字形容，就是'自然'，最高明的化妆术，是经过非常考究的化妆，让人家看起来好像没有化过妆一样，并且这化出来的妆与主人的身份匹配，能自然表现那个人的个性与气质。次级的化妆是把人突显出来，让她醒目，引起众人的注意。拙劣的化妆是一站出来，别人就发现她化了很浓的妆，而这层妆是为了掩盖自己的缺点或年龄的。最差的一种化妆，是化过妆以后扭曲了自己的个性，又失去了五官的协调。"

化妆师又继续说："这不就像写文章一样？拙劣的文章常常是词句的堆砌，扭曲了作者的个性。好一点的文章是光芒四射，吸引了人的视线，让别人知道你是在写文章。最好的文章，是作家自然地流露，不是堆砌，读的时候不觉得是在读文章，而是在读一个生命。"

"化妆对女人来说只是最末的一个枝节，它能改变的事实很少。深一层的化妆是改变体质，让一个人改变生活方式。睡眠充足、注意运动与营养，这样她的皮肤改善、精神充足，比化妆有效得多；再深一层的化妆是改变气质，多读书、多欣赏艺术、多思考、对生活乐观，对生命有信心、心地善良、关怀别人、自爱而有尊严，这样的人就是不化妆也丑不到哪里去，脸上的妆只是化妆最后的一件小事。我用三句简单的话来说明，三流的化妆是脸上的化妆，二流的化妆是精神的化妆，一流的

化妆是生命的化妆。"

然而，岁月无情，时间是摧毁女性娇容最残酷的杀手。谁也无法拦住时间的列车，也无法使自己的肌肤永远像少女一样娇嫩白皙。于是，用化妆来掩盖岁月之痕，便成为古今中外女性留住青春的重要手段。

其实，浓妆艳抹毕竟只是一种精神上的自我安慰，化妆品美容的功效毕竟是经不起岁月考验的。美不仅仅表现在肌肤的细嫩白皙上，女性的美更表现在气质优雅、成熟、有文化的内涵上。于是，一些聪明的女性在充分认识化妆品美容功效的局限性后，开始将心思用在了培养气质美、成熟美、情操美，以及丰富心灵的内涵上，这样的美才能愈久愈醇，永葆活力。

呵护好春天里的最后一朵玫瑰

40 岁是一个无奈的年龄界线，它是春天里最后的一朵玫瑰，让人眷恋，让人遐想。曾经的青春，已经渐渐地远离了我们，容颜、生理、身体各方面在 40 岁以后都会发生越来越大的变化：卵巢正式开始老化，女性荷尔蒙不再增加分泌，肌肤开始变得干燥缺水、粗糙无光泽，甚至变得缺乏弹性。这个时候我们就不能再像青春少艾时一样肆意挥霍自己的青春，只能更好的呵护自己才能维持好的状态。

肌肤是世界上最禁不起岁月考验的：25 岁之前光鲜柔嫩无比，爽滑得犹如绸缎，"肤若凝脂"、"冰肌雪肤"，或许曾是往日最大的骄傲与资本，即使不如此，光滑有弹性的皮肤却也到处张显青春的美丽；30 岁却开始暗淡了，犹如皎月蒙上了一层暗淡的云彩，尽管皎月依旧，却没有了往日的光芒与亮丽；40 岁以后就开始褪色了，犹如一块鲜艳无比的布，经过多次洗涮，已褪掉初始的鲜亮，全无当日的神采。

道理虽是如此，但如果我们能够精心呵护、细心保养，即使是饱经岁月磨砺的肌肤，依旧可以重新焕发出青春的光彩。

脸部基础护理。在这之前，护肤方法可能是延续以前的方法，以清水洗脸，简单地涂抹一些润肤霜。那么从现在开始我们要牢记，一定要用正确的方法小心呵护肌肤，千万不要因为嫌麻烦而放弃。哪怕只是偷懒一周，以后可能会后悔几十年。

肌肤首先需要进行以下几项修补工程：

（1）购买至少一套基础护理的产品，做好皮肤的基础保养，一定要养成完全卸妆及彻底清洁面部和颈部皮肤的习惯，以防止毛孔被堵塞而变得粗大和潮红、粗糙，让肌肤在一天的疲劳后保持通畅。同时，在高效保湿和美白上要特别注意，对受损的肌肤开始重新护理。

（2）停止使用磨砂洗面奶。40岁女人的皮肤抵抗力本来就变得比较脆弱，如果再天天使用磨砂洗面奶，使皮肤表层变薄，皮肤会变得过于敏感，但是，如果长期不清除面部新陈代谢遗留下来的角质层，那会使皮肤变得油腻，不光滑，无法吸收营养。因此，也要做好去角质的保养工作，每周可做2~3次去角质的按摩，这样可以促进血液循环，加速皮肤新陈代谢，使皮肤湿润而富有弹性，防止面部肌肤下垂。

（3）使用隔离霜来保护皮肤免受外界空气污染等不良因素的影响，外出时，一定要做好防晒工作，比如在外露于阳光的部分涂抹防晒霜，打遮阳伞等等，避免紫外线对皮肤造成伤害。

40岁，我们的肌肤已无20岁的水嫩光洁，这就需要我们给自己的肌肤多一分呵护，让其充满活力，保持弹性，毕竟皱纹和皮肤松弛、老化不是一天两天就形成的，它是一个从量的积累到产生质变的过程。在以上修补工作的基础上，我们还可以做一些更深入的保养工作，保湿、防皱、美白一样都不能少。

保湿实际上就是给干燥的肌肤补充水分。补水可以有两种渠道：内补和外补。内补就是直接喝水。一般的凉白开、纯净水、矿泉水、果汁、水果等都可以。正常情况下，每天饮用 1 000 毫升的水即可维持皮肤含水量的平衡，保持新陈代谢的正常运转。每天的饮水应当分布在不同时段，早上空腹喝一杯水是必需的，这不但可以补充夜间水分的流失，也有助于排除体内积聚的毒素，具有清洗肠胃的作用。一天时间的饮水可根据自身情况而定。外补就是要让皮肤直接吸收水分，每次洗脸后可以先不要擦干，用手轻拍脸部皮肤，一方面可以促进皮肤吸收水分，另一方面可以促进血液循环，保持皮肤的光泽红润。几分钟后用毛巾擦干，再轻拍上一些爽肤水、化妆水，加以按摩，让皮肤充分滋润。

　　就像人每天要吃饭一样，我们娇嫩的肌肤也需要睡眠来补充"体力"。在空气污染严重、工作压力大的现代生活条件下，失眠抑或睡眠不足是经常困扰女性的问题，这两者都会让肌肤得不到全面的放松。细胞再生受到影响，肤质当然会随之变差，干燥、暗黄、无光彩，甚至会因为无法消除疲劳而引起食欲不佳，便秘以及烦躁不安、脾气变坏等症状，此时已由单纯的生理问题影响到心理，长此以往，这将是一个恶性循环。

　　可能我们有紧急的项目需要加班，可能我们有重要的客人需要会见，抑或我们已经养成昼伏夜出的生活习惯，习惯了丰富的夜生活，觉得没有过夜生活，夜里两点以前睡觉是浪费。但是女人，当我们用一张写满青春的脸来做这些事情的时候，别人不会诧异，因为年轻就是资本，年轻的皮肤只要用清水洗去疲倦，便又恢复当初的神采奕奕、光彩亮洁。而现在，即使厚厚的粉底已然遮不住我们脸上的疲劳，遮不住我们肌肤上的斑点与皱纹，那我们现在要做的就是要改变以前的生活习惯。给肌肤，也给自己绷紧的神经充足的睡眠时间，让肌肤恢复往日的光泽，谁敢说青春已经离开我们 40 岁的女人了呢？充足的睡眠，远胜于多用几瓶价格不菲的护肤品。

习惯不是一天两天能改变的，是一个需要我们长期与之抗衡的老顽固，但如果我们有意识地去改变，又有什么能难住我们呢？我们可以在夜幕降临的时候创造一个利于睡眠的环境：打开床头灯，让柔和的光照在我们安静的卧室里，放一段轻柔舒缓的音乐，抑或随意翻开一本书，让我们的心随着音乐跳舞，跟着文字飞翔，让我们的思绪宁静而轻松，优美的音乐流淌在房间的每一个角落，我们的心慢慢地下沉，眼皮也会越来越重……

夜里能否睡得好，晚餐吃了什么非常重要。有些食物能够起到很好的安眠作用，而有些则会导致失眠，这也是对饮食很挑剔的女人们应该注意的。

一个人缺少了睡眠会显得无精打采，而一个女人如果睡眠不好，还会在她的脸上、皮肤上留下明显的"痕迹"。如果说，上天把女人作为一种精灵赏赐于人世间，人世间便增添了色彩、味道，还有乐趣。那么，充足、良好的睡眠会让色更艳、味更甜。

40 岁，是女人一生中最为绚丽的花季，既有令人赏心悦目的美感，又有馥郁芬芳的香泽，更有蕴涵深刻的风韵。女人的魅力无穷，智慧无边，尽管岁月无情，以风刀霜剑相逼，但有了睡眠这道保险锁，就能让岁月的痕迹在我们的肉体上减淡，创造出令上天为之嫉妒的奇迹，这就是女人。

合理膳食，从内而外的美丽

女人到了40岁，生活的细节就要越发地注意，不仅是外在的美容保养，身体内部的保养也同样重要。

生活中，素食是最为有效、最为根本的内服"美容"圣品，它可使人体血液里的乳酸大大减少，将血液里有害的污物清除掉。常用素食者，全身充满生气，脏腑器官功能活泼，皮肤自然柔嫩光滑，颜色红润。我们平时吃了肉类、鱼类、蛋类等动物性食物，使血液里的尿酸、乳酸量增加，这种乳酸随汗排出后，停留在皮肤表面，就会不停地侵蚀皮肤表面的细胞，使皮肤没有张力、失去弹性，容易产生皱纹与斑点。如果我们长期食用碱性的植物性蔬果，血液中的乳酸便会大量减少，自然就不会产生有害的物质随汗排至皮肤表面损害健康的皮肤。同时，植物性食物中的矿物质、纤维质又能清除血液中有害物质。这种净化的血液能够发挥完全的作用，在代谢过程中输送足够的养分与氧气，使全身各器官充满生气，皮肤自然健康有光泽、细致而有弹性。总而言之，这样如此吃下去，你又怎么会不变成一个美丽的女人呢？

素食美女吃出苗条

素食者还能保持适当的体重。欧美国家最新的营养学已抛弃动物性食物的高热量学说，而以"低热量"为目标，发展到素食主义。如果采用素食，减肥的效果显著且又能顾及健康。其关键在于植物性食物能使血液变成微碱性，使身体的新陈代谢活泼起来，进而把蓄积于体内的脂肪以及糖分分解燃烧掉，达到自然减肥的效果。而且，植物性食物只要摄取得当，调配得宜，如豆类、根茎类、叶菜类，均衡摄取，人体所需要之脂肪、蛋白质、维生素和矿物质便不会缺乏；同时，低热量的植物性食物，都能使人保持适当的体重、轻盈的身躯。

素食美女吃出健康

德国做过一次研究，偶尔才吃肉的素食者，患心脏病的概率是一般人的三分之一，素食者的高血压发病率往往比非素食者低。素食者患Ⅱ型糖尿病致死的概率非常低，原因可能是素食者复合碳水化合物摄入量较高。素食者患肺癌和结肠癌、直肠癌的发病率比普通人低。减少患结肠、直肠癌的危险跟增加纤维、蔬菜和水果的摄入有关。在以素食为主的人群中，乳腺癌的发病率较低。素食妇女较低的雌激素水平可以对乳腺癌起到预防作用。另外，适当调配的素食有助于预防肾病。

究竟什么是素食

从概念上，素食分四种：一是"全素素食"（不吃所有动物和与动物有关的食物），二是"蛋奶素食"（在动物性食物中只吃蛋和牛奶），三是"奶素食"（除牛奶外所有动物性食物均不食用），四是"果素"（除摄取水果、核桃、橄榄油外，其他食物均不食用）。

食素食荤之健康比较

根据海内外医学研究结果显示：素食可以降低人体胆固醇含量。普通人血中的胆固醇在220毫克以下为正常，含量越低越佳。素食者体内含有的胆固醇量平均为158毫克，而荤食者含量平均为180毫克。长期食素可以降低血压。素食者和非素食者的血压与年龄回归线相比较，两者的血压都会随年龄的增长而增加。但素食持续的时间愈长，因年龄增长而导致血压上升的幅度就愈小。在素食者中，有眼底网膜硬化现象者仅占16%，而荤食者中比例则高达40%。

素食美女入门须知

1. 别一味拒绝肉食。适当食用肉食，营养会更全面。

2. 保证饮食均衡。食素者要确保每日饮食中含有蛋白质、维生素

B_{12}、钙、铁及锌等身体所必需的基本营养成分。蛋白质主要从豆类、谷类、奶类中摄取；富含铁的素食有奶制品、全麦面包、深绿色的多叶蔬菜、豆类、坚果、芝麻等。

3. 素食要天然。应注意以天然素食为主，而不是我们在市场上见到的精制加工过的白面、蛋糕等易消化的食物。天然素食包括天然谷物、全麦制品、豆类、绿色或黄色的蔬菜等等。

4. 避免暴露在阳光下。有些蔬菜（如芹菜、莴苣、油菜、菠菜、小白菜等）含有光敏性物质，过量地食用这些蔬菜后再去晒太阳接触紫外线，会出现红斑、丘疹、水肿等皮肤炎症，该症在医学上被称为"植物性日光性皮炎"。所以，大量吃素的素食者饭后应尽量避免暴露在阳光下。

另类说法素食者骨质更强壮

营养学家普遍认为，只吃素，拒绝奶制品的人容易患骨质疏松症。然而美国医学家最新发布的研究结果却认为，严格的素食者虽然看上去比普通人瘦，实际上他们骨质强壮，身体也更健康。研究小组对18名年龄介于33岁到85岁之间的严格素食主义者进行了研究。他们普遍认为严格素食主义者不吃奶制品，因此会缺乏维生素D，而事实上却是，素食者体内的维生素D含量明显高于普通人，当人体接触阳光，皮肤就会制造出维生素D。这种维生素是保持骨骼强健的关键。

做一个优雅的品位女人

日本有一部电影叫《川流不息》，一个极力歌颂真、善、美的单调故事，但其真挚的情意又不能不深深地打动你：少女时代就离开故乡的女作家，60 岁患癌症时返回了故乡，她拒绝手术，因为那样就得躺在床上不能行动了，而不动手术就只能活 3 个月。而她选择了这 3 个月，为的是去实现返回故乡、与初恋情人和旧时好友团聚的心愿。

这位女作家虽然不再年轻，但依然很漂亮，这种漂亮缘于她一生无悔的追求所造就的优雅气质和对生活的品位以及认知。女作家是真正的外柔内刚，她追求美丽，但也不惧怕死亡，甚至把死也当成婚礼一样的盛典：化好妆，身着华丽的和服，端坐在椅子上对着摄像机，诉说着自己最后的人生感悟，并深情地唱起了一首歌……这首歌感动得所有的人都流泪。你觉得她会衰老吗？她会死，但不会老。或者是即使老了也依然是美丽的。因为这就是一个女人的优雅，一个女人的品位，不因容貌的消逝而减少，反而会因此而让品位添色，这也是女人美丽的根源所在。

有一位中国女作家曾在一篇文章中写道，在国外，你随处可以看见静静地坐在公园里读书或是听音乐的老人，自得其乐地享受着人类最经典文明的结晶。在外国的大教堂里，那些穿着得体、举止优雅的老太太，她们那高贵的气质刹那间让她自惭形秽。她相信在中国再美丽的女影星也无法同她们媲美。那是一种足以与岁月抗衡的文化修养的结果，是一种文化的品位。你能说那些老太太不是美丽的吗？

所以说，做一个优雅的女人，做一个有品位的女人，就必须从今天开始改变自己，去读书、学习、发现、创造，它能让你获得丰富的感受、活跃和激情，你要学会爱自己、赞美自己，善待自己也善待他人。让生活充满了无穷的意义，作为女人你会因此更加灿烂，甚至苦难都能升华为诗一般的境界。一直为民族的事业而斗争的缅甸在野党领袖昂山素姬就因其优雅的举止，非凡的气质，而让那些浮华的年轻男人都为之而倾倒，也证明了品位的魅力。

当然，美容、化妆、时装、健身虽然把女人包装得更漂亮，但气质

不到位，品位不够，你也不过就是一个美容院的老板娘而已，而不会成为优雅女人，一个有品位的女人。

女人的品位体现在女人的优雅，这种优雅不分阶层、贫富、贵贱，它是一种处乱不惊、以不变应万变的心态，也可说是一种历练。例如，美国女人不害怕离婚，更不会忍受丈夫的暴力，她会立刻出走，并潇洒地丢下一句话："哪儿不能谋生？哪儿没有男人？"而我们周围却有些女人总把离婚当成世界的末日。这是因为她没有形成自我意识，任何微不足道的外在打击都能摧毁她的自信。其实，如果你自己不打倒自己，就没有人能打倒你。做一个美丽优雅的女人，做一个有品位的女人，就是相信自己、相信爱情、相信人生中所有美好的东西，而唯一应该忘掉或平淡对待的就是痛苦。要知道痛苦是一种经历，会让女人在以后的生活中更为优雅，更为有品位，更为美丽。

气质与风情，你不可缺少的武器

女人，由于外形与性别的优势，具有一种天赋的气质。基督说：女人是由男人的肋骨做成的。贾宝玉说：女人是水做的骨肉，我见了女人便清爽……所以从某种意义上讲，女人是美的。而美的女人如果再进行一些外形上的装扮与内在素质上的提高，要获取一种高贵的气质美是易如反掌的。

一个女人一旦拥有了不凡的气质，她将终身受益。因为，气质是永不言败的。

气质是集一个人的内在精神而释放出来的高品格的影响力。犹如一颗夜明珠，给人的不仅是惊喜，还有耳目一新的感觉；犹如一缕暗香，让人不知不觉沉醉；犹如一道惊雷，让人清醒。

气质是一种修炼到超越自我的境界。这种境界，让人脱俗，使一个普通的人变得高雅，胸怀坦荡，行为超凡入圣。因此，一个有气质的女人，面对不同程度的困境，她不会胆怯。而最终气质可以帮助她扭转逆境的局面，取得意想不到的胜利。

一个优秀的女人，除了美貌，还要有气质，否则就要沦为花瓶。

一个40岁的女人如果全靠美容品和各种化妆品构成，生命必定是空虚的。而内在的气质美却可以延缓衰老并使人年轻，可以在他人心灵上留下印记和引起震荡。

因此，女性要寻找属于自己的气质，要在精神上树立独立的自我，通过对自己的"文化美容"，找回真实的自我。

真正的女性气质的前提是要有崇高的生活理想。女性的命运不应决定于男性，而应取决于她自己的努力，她的气质以及她的才能发挥的程度。女性本人越重视自己的天资、才能、与男子的精神心理交往的能力，她的美和女性气质就越灿烂夺目。如此优秀的女人，还怕男人喜新厌旧吗？

女人的气质会让女人拥有一片属于自己的"精神家园"，占有属于自己的心灵空间。即使遇上再多的不幸，也不至于造成太多的失望，太多的茫然……

气质女人懂得如何刚柔并济，有时如一盆火、一块冰，有时似一杯茶、一盏纯酿。她是男人得意忘形时的清醒剂、颓废沮丧时的启动器。气质女人时而温柔、时而刚强、时而浪漫、时而平实、时而文静、时而活泼。丰富的内涵给人以新奇，宽容的胸襟使人敬慕。她是维系家庭的磁石，是工作中的最佳拍档。气质女人是放风筝时用的线轮，风筝飞得再高也要有线牵引。

女人的气质是女人最真实、最恒久的美。再美的女人，如果没有气

质，也只是一个花瓶而已，相反，天生并不美的女人，即使是没有华丽的服装，一旦拥有健康的翅膀，也会立刻神采飞扬，展翅高飞。外表的美是短暂而肤浅的，如同天上的流星，转瞬即逝，而气质，却像一缕暗香，渗透于女人的骨髓与生命之中，让她们在面对岁月的无情流逝时，拥有一份从容和淡泊。

而风情，亦是一种让人赏心悦目的独有气质，是一种成熟的极致美。

裙裾轻飘，袅袅浅行，盈盈水眸，回首一笑，这些都能在不知不觉间扣紧了他人的心弦，让他人如饮甘露，这就是女人 40 岁的风情。

除了眼神里的风情，女人在形体语言、身体曲线、音容笑貌、服饰妆容、衣鬓流香之间，也会风情摇曳。她们身上的每一处细节、一招一式都可以风情十足。风情是非常女人化的一种成分，它无形无色，像丘陵的微风，你感觉不到它的存在，却看得见满坡枝叶的摇动，这股风来自于内心。

真正的风情，不在于卖弄，而在于自然地流露。风情在于女人对自身恰当的把握，敛与放的分寸至关重要。如果你过于收敛风情，也许你就显得端庄典雅有余，但韵味风情不足；如果你过于张扬放肆，你就失之于轻佻风骚。

风情万种的女人，不会随着时间的流逝而慢慢凋零。她们是人生四季里的长盛花，鲜艳却不张扬地盛开着。

风情万种不是美女的专利，风情是一个人对精致的追求，是一种生活的态度。40 岁的女人，岁月在掠夺她们青春的同时，给了她们风情的馈赠。她们如一道不张扬的优美风景，给人惊喜之余回味无穷。甚至有人警告女人们：看好你的老公，别让他遇到 40 岁的女人！40 岁女人身上那种欲说还休的风情，是怎么挡也挡不住的诱惑。

女人的外表展现着自身形象，也是体现气质与风情的一个重要方面。因此，40 岁的女人们，我们不能再用 20 岁的天真可爱伪装自己，我们要用适合我们年龄的东西好好装扮自己。可能我们衣着平常，稍不注意就会从别人眼前飘然而过，但如果别人稍加注目，我们身上一些看似不经意的东西却会让别人细细品味良久，甚至成为别人竞相模仿学习的目标。

人说闻"香"识女人，其实看"衣"同样可以识女人。20 岁的女人像件夹克衫，轻松而又自在，一件舒适的夹克搭配一条随随便便的牛仔裤，青春就这样肆无忌惮地张狂着。40 岁的女人是一条雪纺的长裙，不经意的摇曳间流露出万种风情。40 岁的女人开始懂得时尚的真谛，开始懂得自己作为女性的价值。

40 岁的女人会创造自己的风格。融合了个人的气质、涵养、风格的穿着会体现出个性，而个性是最高境界的穿衣之道。一个人不能妄谈拥有自己的一套美学，但应该有自己的审美倾向，不能被千变万化的潮流所左右，亦步亦趋，而应该在自己所欣赏的审美基调中，加入当时的时尚元素，融合成个人品位。

40 岁的女人经过岁月的磨砺，已褪掉青春的青涩与天真，换来的是气质万千、风情万种，一个眼神、一抹情态、一丝微笑、一个动作，甚至眉尖上、头发梢上都是风韵无限，情韵十足，到处张扬着 40 岁的魅力，是上天赐予人间的精灵与尤物。

以知性来提升自己的魅力

40 岁的女人，如同周敦颐在《爱莲说》中所描绘的莲一般中通外直，不蔓不枝，香远益清，亭亭净植，可远观而不可亵玩焉。40 岁的

女人不是压群艳、傲百花的牡丹，不是空守幽谷的山中木槿，而是携着矜贵香氛的精致白莲花。她们衣着素净，纯天然面料的衣服是她们的首选。她们不盲从潮流。但客厅的花是不会等到枯萎才换的，要么是干花，要么就是随心常换的鲜花，薰衣草、丁香、栀子之类不喧不闹，但绝对要清新宜人，这是贴近自我灵魂最简洁的行为之一。这些女人身上散发出一种知性的魅力。知性女人聪明却不张狂，典雅却不孤傲，内敛却不失风趣。女人的知性美是她们身上内敛着的一轮光华，它不眩目、不耀眼，其光若玉，温润、莹透、可感、可品、可携。

在汉语词典中，知性的定义是："具备知识和理性等特质。""知性"除了标志一个女人所受的教育以外，其实还有一层更深刻的意义，应该是女人特有的一种聪慧，它源于女人所受的教育和环境，可又并非是哪一个看上去文文静静一些的女人就都可以被称之为知性的。知性必然是一种积累，知识的积累，生活的积累。

其实知识只是知性的一个基础。有很多的女性朋友，她们大部分都受过高等教育，不过其中真正可以称为知性的寥寥无几。女人就像一本书，有的有着深刻的内涵，有的只是儿童读物。

40 岁女人身上的知性，带给她们一种相对平静但余味更久远的魅力。和她们在一起，你可以享受到人与人之间最原始的那种如冬日阳光一样的温暖。轻松、雅致、自我、明智、舒畅，和她们待上一个下午，你一定能获得一种由透着活力的平静滋生的希望和力量。

知性女人的定位，展现了都市女性应有的形象：有知识、有品位、有属于女性的情怀和美丽。

知性女人可以没有羞花闭月、沉鱼落雁的容貌，但她一定有优雅的举止和精致的生活。知性女人也许没有魔鬼身材、轻盈体态，但她重视健康、珍爱生命。知性女人兴趣广泛，精力充沛，保留着好奇的童心。知性女人有理性，也有更多的浪漫气质，春天里的一缕清风，书本上的几个精美词句，都会给她带来满怀的温柔。知性女人经历了一些人生的风雨，因而也懂得包容与期待……

知性女人是灵性与弹性的结合体。

灵性是心灵的理解力。有灵性的女人天生慧质，善解人意，能领悟事物的真谛。她极其单纯，但单纯中却有一种惊人的深刻。

灵性是女性的智能，它是和肉体相融合的精神，是荡漾在意识与无意识间的直觉，是包含着深刻理念的感性。有灵性的女人以她的那种单纯的深刻令人感到无限韵味与魅力。

弹性是性格的张力，有弹性的女人，性格柔韧，收放自如。她善于妥协，也善于在妥协中巧妙地坚持。她不固执己见，但自有一种主见。弹性是女性的力，是化作温柔的力量。有弹性的女人既温柔，又洒脱，使人感到轻松和愉悦。

灵性与弹性的统一，表明女性也具有一种大气，而非平庸的小聪明。知性女人是具有大家风范的。

一个真正的"知性"女人，不仅能征服男人，也能征服女人。因为她身上既有人格的魅力，又有女性的吸引力，更有感知的影响力。

知性女人像一杯清茶，散发着感性的芬芳。知性女人关注时尚，打扮得体，气质优雅；知性女人内心浪漫，强调个性，对世界充满爱心和好奇；知性女人独立进取，智能坚强，努力追求自我价值的实现；知性女人还懂得给男人空间，深谙风筝和丝线的关系，不动声色地把男人的心拴得更牢。她有清新淡雅的面容，妩媚温婉的回眸，顾盼生辉的举手投足。她亦正亦邪，收放自如，将女人的魅力随心所欲地发挥到极致。

40岁的知性女人是一种涵养、一种学识、一种花样魅力的象征，由内而外散发出来，时间在她身上只是弹了一个巧妙而圆润的跳音，将她出落得更加魅力动人。

知性与品位是女人魅力的一对姐妹花，高品位会让女人浑身上下散

发出柔和淡雅的知性之美，知性会让女人的品位更高。

打扮外表很容易，或许你只需要稍加用心就可以了。而要想提高品位，那就得下点功夫了。

泡图书馆、听音乐会、参观名画展、进行一些民间文艺考察，甚至参与一些文化人搞的活动……这样在不知不觉中提高了你的品位，浑身流露出一种知性之美。

如果你这样不断地去充实自己，人们会发现一个一天更比一天睿智、一天更比一天高雅的你，那么，你的魅力是挡不住的。上天总是公平的，在关上一扇门的同时总会为世人打开另一扇窗子。40 岁的女人，容颜已开始慢慢褪去青春的色彩，但是她们身上流露出来的魅力却更让人心动。成熟的头脑，由内而外散发出来的气质与风情，对人、对事、对物的知性与品位，无不是经过岁月洗练，沉淀下来的智慧与精华。所以，魅力女人正是 40 岁。

自信的女人最美丽

女人因自信而美丽，最没希望的女人不是最老最丑的女人，而是最不自信的女人。步入中年的女人尤其需要自信，因为只有自信才能帮助你把美丽释放出来。

自信的女人有一种非同寻常的力量，它可以让女人更妩媚生动，更光彩照人，也可以让女人更坚强、更有勇气去面对生活中所遭遇的艰难困苦，在挫折面前不低头，坦然地去面对，相信自己可以克服所有的困难，并不断地完善自己，努力使自己趋于完美。尽管我们知道世界上没有真正完美的人，但是能自信地让自己向完美靠近，怎能说这不是一种最美呢？因为这样的自信，让女人看到了自己本身的价值，看到了自己的魅力，看到了生活中的美好一面，会加强对生活的热爱。

一个自信的女性是会不断地激励自己、提高自己、完善自己的。人，总是要不断地超越和自我超越。自信，是胸有成竹的镇静，是虚怀若谷的坦荡，是游刃有余的从容，是处乱不惊的大气。

自信可以让 40 岁的中年女性重新认识自己的魅力，身上焕发出蓬勃的生机，散发出向上的力量和饱满的激情。

但是，自信不同于自傲，自信是以内涵为底蕴的。自信的女人会拥有诱人的气质和难以抵挡的魅力。女人即便是有"沉鱼落雁之容，闭月羞花之貌"，但如果没有内涵，丧失自信，那么就很可能会是"金玉其外，败絮其中"的，就像一只漂亮的"绣花枕头"。另外，容貌也不是女人人生中一个长久的"伙伴"，它会在你不知不觉间悄然地跟着"岁月老人"去"私奔"，全然不顾你的内心感受；但是沉淀在心中的内涵，却会通过自信的表情，把你全部的美丽毫无保留地完全绽放出来，这样的美丽绝不会受到岁月的侵蚀。

40 岁的中年女性，拥有自信，脸上就会荡漾出笑意来，而这浅浅的笑，足以使她变得美丽，足以让她光芒四射！因为自信，女人的举手投足都带着一种孤傲与悠悠婉转的味道。自信的女人，犹如一枝空谷幽兰，即使没有张狂，但也会让人感觉到她身上散发出的缕缕清香。自信的女人犹如一道阳光，自信的女人犹如一缕春风，能在阴云密布的日子里给人们带去光亮和温暖，能拂去人们心头的阴霾，让我们心灵的天空时刻撒满爱的阳光。

自信可以让 40 岁的中年女性变得性格坚强、豁达开朗。因为自信，40 岁的女性可以拥有非凡的毅力，去坚韧地和挫折作战。面临挫折，她才可以快速调整自己，使自己恢复到最佳状态。自信的女人知道前方的路上有荆棘和坎坷，但自信使她更加期待远方的鲜花和微笑，自信使

她对未来充满希望。自信的女人永远笑声朗朗，用热情感染着周围的每一个人。因为自信，她拥有一颗宽厚的包容心，懂得去善待别人，懂得用一颗温柔的心去化解人生的困厄。

自信的中年女性健康、生动、活力四射。自信的中年女性是立体地、活脱脱地呈现在我们面前的。她们不会因满街的流行元素而盲目随波逐流；因为自信，40岁的女性才不会为脸上小小的斑点而耿耿于怀，才可以素面朝天地向世人展示自然的美丽时做到神情自若。因为自信，女人年过40，依旧魅力无限！

自信的女人懂得爱自己、欣赏自己；因为自信，女人可以去爱别人，欣赏人生，达观地看待人生的起起落落、悲欢离合！因为自信，女人的一生充满浪漫而坚毅的色彩！还有什么比这更漂亮！拥有自信的女人，男人别无他求！

40岁的中年女性一旦拥有自信，无论在生活中，还是事业上，都将拥有一种巨大的力量。因为有了自信，她才能发挥出自身的优势和潜能。关于自信对人生的作用，这样的故事我们听说过很多。很多女人也知道自信的巨大力量，却不懂得如何利用自信的力量去改变自己。

自信是一种对自我能力的肯定，也是自我追求的一种不懈的努力。缺乏自信总是少了点什么。恋爱时，如果缺乏自信，总是患得患失，心事重重的样子让她的脸上失去了恋爱中人应该有的光泽，少了爱情带来的快乐而变得不那么生动美丽。而充满自信时，即使她不是一个美丽的女孩，也会因为爱情的滋润让她整个人灵动俊秀起来，成为最美丽明朗的女子。做新娘的时候如果缺乏自信，少了对将来的自信，即使这一天打扮得很漂亮，也总是缺少了一点动人心弦的光彩。而自信的新娘，因为坚信自己是最美丽的新娘，坚信自己拥有了最好的另一半，坚信自己找到了所要的幸福，坚信从此会和那个他营造一个温馨而和谐的家，这样的自信让她的脸上被亮丽的韵泽所笼罩，而成为最美丽动人的新娘。

在成为母亲的时候，如果缺乏自信，就会顾虑忧心，怕自己胜任不了母亲这个角色，那些焦虑让她失去了作为母亲的风采。而自信的女人在成为母亲时，认定自己将是个最称职的母亲，自信在她的哺育下宝宝会健康地成长，自信在自己的引导中会让宝宝成为一个有用的人，这么自信的母亲，她脸上焕发出的向往是最拨动人情感的美丽。

自信能够让 40 岁的中年女性更正确地处理自己的生活，从穿着打扮到人际交往，她们都会掌握分寸、知道取舍，不受不相干的因素困扰，用最恰当的方式与人相处。

自信的力量是巨大的，自信可以令女人的面貌改变，让她知道自己想要什么、能要什么，这样的女人或许外表并不美丽，但是她那种由内而外散发出来的气质，已经不知不觉地征服了大家，不管是男人或是女人，都会喜欢与之交往，只因为那种轻松无压力的相处方式。

做一个自信的女人，你会发现你比以前更快乐，因为你不会把自己的全部心思都放在一个男人身上，你做自己想做的事，努力不断地提高自己。当你成为一个成熟而自信的女人时，男人会更加呵护你，因为像你这么迷人优秀的女人，他一定会盯牢不给别人任何机会的。

智慧让 40 岁女人光芒四射

有人说：年轻的时候靠拼劲吃饭，中年的时候靠智慧吃饭，年老的时候靠经验吃饭。智慧是中年人的魅力体现，智慧的 40 岁男人潇洒倜傥，智慧的 40 岁女人明媚动人。

做女人真好，可以享受到美丽漂亮的包装，有那么多时尚服装、饰品、化妆品、美容店为女人提供服务。但 40 岁的女人懂得，这些东西

只是个陪衬的绿叶。在工作上，她们通常是用业绩来证明自己的能力和水准，而不是靠容貌、身材和眼泪；在社会交往中，她们把自信、宽容、聪慧集于一身。与她们交谈，会让你有所思、有所悟、有所得，然后你才会明白，40岁女人的智慧之美是何等动人。

女人到了40岁无法挽留青春的影子，却更容易吸引"慧中"的青睐，随着智慧的积累而不断成长起来的女人，是一种果子熟透的美，是一种由内而外所散发出的美，是一种令人欣赏和赞叹的美。

有人说，一个女人到了40岁才算是真正的成熟，因为这时的她们才真正懂得了生活，懂得了社会，懂得了家庭，也懂得了自己的人生价值。

她们在忙碌的生活中不断为自己充电。工作之余带着孩子去图书馆走走逛逛，既博览了群书，获得了广博的知识，又让自己的孩子懂得了学习的重要性，还培养了平时没有时间建立的母子情，可谓"一箭三雕"，何乐而不为？

她们与周围的人相处平和，取人之长，补己之短。岁月磨去了尖锐的锋芒，她们变得更豁达、更宽容、更懂得珍惜拥有和谦虚让人。她们掌握了生活的主动，更懂得去追求美的权利和自由，所以时时会告诉自己：最美丽的天使就在自己身边，她们不会放弃也不会退缩，勇敢地为自己赢得了一片片灿烂的天空。

"不要羡慕别人所拥有的，要羡慕自己的才对。因为自身有许多别人所没有的东西……"这是一位青年作家曾说过的话，现细细拿来品味，还真有一番意味和哲理，春兰秋菊，各有芬芳。走过半生的女人们学会了追求赞美和被别人赞美，她们用智慧的武器把自己认识得更全面，也更深刻，岁月一点点挖掘出了她们内在的潜力，届时才发现自己原来有这么多"美不胜收"的优点。

有人曾说，智慧是女人一种永恒的哲学，一个女人因拥有智慧而让自己轻盈的气质变得厚重起来，一个女人也因智慧的存在而让自己变得更加引人注目。她们谈吐不俗，气质超人，即使是在人头攒动的大街小巷也会显出一种"鹤立鸡群"的魅力。

智慧于女人是不可或缺的保养品，获得它的根本途径便是饱读"诗书"。漂亮的容颜已不再是女人独傲群芳的武器，浑身洋溢着的高贵气质以及言语间流露出来的知识修养，使她们显得与众不同，书是她们经久耐用的"时装"和"化妆品"，使她们焕发出异样的光彩。

在这个因女人的存在而变得多彩的世界里，时尚而智慧的女人更懂得抽一点时间为自己的心灵扫扫尘土。她们明白真正的智慧是一点一滴累积起来的，就如同盖一间屋子，年轻时所打下的只是一个根基，中途的一次休息，只是为了以后更好地展现女人的风采。她们知道婚姻是加油的一个驿站，心灵得到了满足以后，扬帆起程，最终的美丽只属于持之以恒。

智慧之美是女人在半世红尘中逐渐发掘、打磨的，它不会如容颜一般在岁月的流逝中褪去颜色，反而会如醇酒一般愈陈愈香。

雅致的书香为你增添芬芳

古人告诉我们："腹有诗书气自华。"罗曼·罗兰劝导女人："和书籍生活在一起，永远不会叹息！"书能让女人变得聪慧、变得丰富、变得美丽。台湾著名作家林清玄在《生命的化妆》一书中说到女人化妆有三个层次。其中第二层的化妆是改变体质，让一个人改变生活方式、保证睡眠充足、注意运动和营养，这样她的皮肤得以改善、精神充足。第三层的化妆是改变气质，多读书、多欣赏艺术、多思考、对生活乐

观、心地善良。因为独特的气质与修养才是女人永远美丽好看的根本所在。所以，你要记住，唯学能提升气质，唯书能提升品位。有品位的女人时刻不要忘了跟书约会。书是女人美丽一生最值得信赖的伙伴……

读书可以增添女人的智慧，可以使女人更有品位，可以使女人展现一种智慧的美丽。就像在生活中，爱读书的女人，不管走到哪里都是一道风景。也许她貌不惊人，但她的美丽却是骨子里透出来的，谈吐不俗，仪态大方。爱读书的女人，她的美，不是鲜花，不是美酒，她只是一杯散发着幽幽香气的淡淡清茶，透出一个女人的智慧，一个女人的品位。

读书在不同的年龄，也有着不尽相同的心境。青春时期，精力旺盛，求知欲强，大有读遍天下书的宏愿，书读得既快又杂，而大多是浅尝辄止，囫囵吞枣，不解其味。进入中年，品味一本书就像在轻轻地哄着婴儿睡觉般，细读慢品之余，便能悟出书中的精华。书的灵气渐渐从那一行行文字中透射而出，让人不忍释手，捧读之间犹如庭中赏月，怡然自得，陶醉其中。

世间好书无尽，但选择符合自己品味的书来读，是无憾无悔的，唯一遗憾的是有许多真正的好书，自己没有更多的时间去品味享受。

读书对增添女人品位的效力，不像睡眠，睡眠好的女人，容光焕发，失眠的女人眼圈乌黑。读书和不读书的女人在一天之内是看不出来的，书对于女人的美丽的功效，也不像美容食品，滋润得好的女人，驻颜有术，失养的女人憔悴不堪。读书和不读书的人，在两三个月内，也是看不出来的。日子是一天一天的走，书要一页一页的读。清风明月，水滴石穿，一年几年一辈子读下去，累积的智慧，才能最终夯实女人的品位，所谓的"秀外慧中"就是指这个。若在书卷堆里待的时间长了，浑身自然而然就会有一种翰墨的味道，淡淡的香萦绕在女人的身边，这种香是名贵的香水所无法比拟的。香水的味道会随着岁月的流逝而渐渐淡化，但是，一个沾满书香味的女人，却会随着年龄的增长而积厚流广，日愈馨香，更见浓郁，足以相伴一生。

读书的女人是敦厚的，也是雅致的。浸在书香氤氲的气息里，女人会变得脱俗，淡然处世，绝少贪奢，她们有着一种谦逊随和的娴静之气，在芸芸众生中，一眼就能认出那份离尘绝俗的恬淡气质。

书中有太多的世态炎凉，太多的人情世故，女人在阅读的时候，也就如身临其境，领悟到什么是生活中值得尊重和珍惜的东西。她们会真心地对待自己，诚意地对待别人，让生活的每一天都充满宁静的激情和欢乐。

一个读书的女人是一所好学校，她教会人用淑雅宽仁去面对世间的一切，远离庸俗和琐屑。她们懂得"富贵而劳悴，不若安闲之贫困"的真正含义，所以她们不和人攀比，不和人计较，生活得单纯而安然。

古语道："书中自有黄金屋，书中自有颜如玉。"而现代聪明美丽的女人已不再是士子苦读中翩翩起舞的影子，她们从书中走出来，亲手扬起生活之帆。

读书的女人，是清晨的露珠，纯净而晶莹，也似天上的星星，明亮中有一分深邃。读书的女人素面朝天，书便是她们经久耐用的时装和化妆品。走在花团锦簇浓妆艳抹的女人中间，与众不同的气质和修养使她们显得格外引人注目。

书对于女人的好处说不尽。女人知书会蜕去愚昧与狭隘，多一分理智与宽容；女人知书会知羞耻与善恶，从而明辨是非，洁身自爱；女人知书更会懂得如何去做人，而不会成为别人的附庸和可有可无的影子，从而获得和他人一样平等的地位和尊重。

书是女人认识自己、拯救自己、提升自己的精神之源。女人因书而成熟，她不一定因读书成为一位叱咤风云、指点江山的伟人，但女人会因读书自立而睿智。

知书的女人，本身就是一本味笃而意隽的书，越读越有味。不知书的女人，最多只能是一具美丽的躯壳，没有生命的张力、经不起时间的淘洗，是一张空洞而单一的白纸，必将褪色而遭遗弃。

不同的女人对书有着不同的品味，不同的品味会有不同的选择，不同的选择得到不同的效果，于是演绎出一道女人与书的风景线。有的女人，读书是为了获取知识、增长才干，她们注重思想性强、有哲理、有深度的书。书提高了她们的人生境界，使她们生活得很充实。这样的女人本身就是一本书，一本耐人寻味的好书。有的女人，读书是为了怡悦芳心，陶冶情操，她们喜欢读些唐诗宋词，清新素净得可爱。还有的女人，读书仅仅是一种娱乐消遣，或者只为了附庸风雅，她们热衷于琼瑶笔下的言情故事，或影星、歌星、名人的花边新闻。她们比较实际，虽有点儿俗气，好在她们沾些书的边，通晓一些事理。

著名作家张抗抗曾经说过：读书的女人终究是幸福的。理性的思考给予她属于自己的头脑，女人的神韵里就有了坦然和自信。知识为她过滤尘俗的痛苦，使她有力量抵御物质的诱惑，并超越虚浮的满足而变得强大丰富。

名人的成长离不开书。三毛将书籍看作是自己一生中不可或缺的东西，她说自己有两种东西是不外借的，牙刷与书。牙刷属于非常私用的物品，自然不能与他人共用，而书是寄放心灵的东西，所以，也是不能外借的。三毛一生漂泊，她周游世界，去过非常多的地方，但身边从来没有离开过书，不管去到哪里，行李可以少带，书却是一定要带上的。

漂亮与魅力是每个女人的追求，如果说漂亮是躯壳，那么魅力应该是内心。漂亮的外表应该感谢上天恩赐，魅力则通过后天的努力和磨炼达成。娇丽容颜会随年岁的改变而消失，魅力却可以在岁月的打磨之中香久醇远。所以在忙于修饰美丽外表的同时，女人还要不断修炼魅力，使之成为美丽的升华。

现代汉语词典里对于"魅力"一词的解释是"很吸引人的力量"。怎样得到这种力量、获取魅力？答案是读书。读书可以使魅力永久散发出与生命同在的气息，因为书是魅力的不竭源泉。古人云：三日不读书，目光浑浊。读书可以美丽、优雅人的心灵，是永远都不会过时的生命保鲜剂。

过去对于好的女人的评价标准就是进得了厨房，出得了厅堂，今天我们得要加上一条，就是泡得了书房。经常与书约会的女人，才潇洒飘逸；与书约会的女人，才韵味十足；与书约会的女人，才鹤立鸡群。

有人说，世界有十分美丽，但如果没有女人，将失掉七分色彩；女人有十分美丽，但如果远离书籍，将失掉七分内蕴。读书的女人是美丽的，书是女人修炼魅力之路上最值得信赖的伙伴，依靠它，你将不再畏惧年龄，不会因为几丝小小的皱纹而苦恼几天。因为，你已经拥有了一颗属于自己的独特心灵，有自己丰富的情感体验，你的生活将会书香四溢。

爱书的女人，最终会成为一本让人百读不厌的书，平凡中有超凡的韵味；淡然中有超然的气质，这种无须修饰的清雅淡定将使 40 岁女人蜕变得更有魅力。

40 岁女人往往很难享受到年轻时那般纯粹的快乐，因为她们眼中的生活已经是平淡、琐碎、无味的了。其实细想一下就会知道，再精彩的生活，不断重复也会让人厌倦的，40 岁女人必须学会从生活中发现和寻找快乐。当然，生活中的悲伤、痛苦也是在所难免的，因此，我们应该有选择地记忆，把曾经的和即将到来的快乐，放在心中不断品味，这样，每一天你都能生活得幸福快乐。

音乐让你的世界更美好

音乐是人类的第二语言，音乐是人类的精神食粮，音乐陶冶人的情操。而女人与音乐的关系，好像鱼儿离不开水，花儿离不开阳光。音乐是女人的至亲密友，没有音乐的生活单调乏味，给人一种度日如年的感觉。有了音乐，阴天会变成晴天；有了音乐，忧郁会变为开心；有了音乐，贫穷会变得富有。女人40岁，生活已经教会你什么叫作文雅，音乐的世界也不再是激情澎湃，但是，午后的一杯香茶伴上轻松的音乐小品，也似冬日暖阳般的沁人心脾。

如果没有音乐，就好像生命少了色彩一样，干枯而空洞。随着现代社会的发展，人们普遍意识到音乐的力量，对于女人来说更是对自己的品位的一种陶冶。有品位的女人，一般都能享受更多、更充实的音乐生活。尤其对于品位女人来说，音乐是生活的一部分，没有音乐的生活是难以想象的。她们在聆听优美的音乐的过程中，会让那清新纯美的、富含灵气的音符，轻滑过满是尘埃的心头，使自己进入一个浑然忘我的自然境界。那么，女人如何培养自己的音乐素养呢？

相当一部分女人或因所受教育或对音乐认识的局限，总是认为音乐很难懂，总是希望通过努力地揣摩来感受音乐最核心的思想。其实，这是一种错误的认识和做法。我们欣赏音乐是要用身心感受的。而身心的状态随个人的感官物质、年龄、性别、教育（特别是与音乐相关者）、音乐的感悟力、过去欣赏音乐的经历或经验以及听音乐当时的心情和注意力等各有不同。可以说，同样一首音乐，由于以上素质的不同，每个人的感受都是不一样的，若是将环境因素一并列入，那么差异就会更多。我们常常会有这样的经历，因为经历了更多事情，以前听起来没有感触的曲子，突然有一天让你为之动情；而年少时曾经喜欢的曲子，因为被翻录得变味，让你感到气恼等等。前面说的这些，都是要告诉你，对于音乐的欣赏不要心存恐惧，用随意轻松的方式试着聆听一些好的音乐作品，我们谁都可以在这些美妙的乐章中有所收获。

那么，女人如何来欣赏音乐呢？即使再简单的事情也有完成它的方法，下面就介绍一些有关音乐素养培养的简单方法，帮助你快速塑造成一个有音乐素养的有品位的女人。

说到底，音乐是一种抽象的艺术，虽然它不具有任何具体的形式，但是自古以来，中外的教育家都承认了它在人格成长及社会教化上具有的潜移默化的功能，甚至在美国都发展出一套用音乐来治疗心理疾病的方法。按照美国现代作曲家亚伦·椅普兰的说法，人们欣赏音乐尤其欣赏层次的深浅，可以分为音乐的感觉面、情感面以及理论面等三个层次。

所谓音乐的感觉面，指的是欣赏者由音乐的声音本身所得到的一种纯粹的乐趣，更明白地说，欣赏者本身所受到的感动是来自于音乐所产生的"音响"。这种由音乐对听觉所产生的直接冲击，对于一位欣赏音乐的初学者而言是有效的。这也就是我们有时说这音乐"好听"，这音乐"好美"的一个层面。

至于音乐的情感面则是一个较为复杂的问题。不论是绝对音乐或标题音乐，它们都必须带有一种表达情感的力量，只是程度上的不同而已。但这种音乐中所表现出来的情感却常是捉摸不定的，因为它可能因人而异甚至于同一个人对于同一首音乐，在不同的时候，不同的心情之下所聆听的亦有不同的感受。因此，要想找出确切的字眼来描述音乐所代表的感情是相当困难的，即或个人认为十分满意的，别人也未必就同意你的形容或方法。

音乐欣赏的第三个层次是音乐的理论面。除了前述的两方面，悦耳的声音以及表现的情感外，音乐家在写作乐曲时所安排音符的理论，也是十分重要的。音乐横方向的串联构成了旋律与节奏，纵方向的重叠构成了音程与和声，乐句与乐句的组合构成了曲式与乐章。除了这些音乐基本的要素之外，为了进一步了解作曲家的思想以及创作乐曲的背景，更深入地对于音乐家生平进行了解，也是必要的。

音乐欣赏固然可分为三个层次，事实上当我们欣赏音乐时，并无法执着于对其中的某一层次而不涉及其他。亦即这三个层次经常是伴随着我们对于音乐的了解的多少而相互地调整比重。有时只停留在表现的声响效果，有时则悠游于音乐的声响带给我们情绪上的反应，有时则可以理智地深入了解音乐的要素与结构。

音乐欣赏的学习，事实上是把重点摆在音乐的理论上。因为第一种纯音乐的刺激，以及第二种捉摸不透的情绪感，都是无须经过内心思维的表现层次；而如果我们想要加深对于音乐的理解力，对于音乐理论的学习是十分必要的。

因此，理想的音乐欣赏者应该是既能够沉浸于音响的美之中，也是能悠游于音乐的结构之处。一方面情绪性地去欣赏它，一方面理智性地去分析它、判断它。透过这样双重的欣赏层次，我们才能真正踏入音乐的奥妙之中。

要有自己的爱好

女人到了40岁的时候，一般都有一份属于自己的工作，也有一个为之操心的家庭，看上去忙碌的生活其实也是相当乏味单调。往往是电视机或电脑前面一坐，让时间哗哗地大段地溜走。只要一看电视，就什么也干不了。这是一种懒惰的惯性，坐在沙发上，哪怕节目十分无聊幼稚，你也会不停地换台，不停地搜寻勉强可以一看的节目，按下关闭键显得那么困难。很多的女人在工作以外都是这样的"沙发土豆"。黄金般的周末，多半也是在不愿意起床、懒得梳洗、不想出门中胡乱度过。同时，几乎所有人都在抱怨没有时间，真的有时间的时候又不知道该如何打发，只是习惯性地想到睡觉和"机械运动"——看电视、玩一款熟得不能再熟的电脑游戏，顺手就打开了。事后又觉得懊恼，心情愈加沉闷。

这就需要作为中年女人的你，在8小时以外，能够培养一种自己的趣味，在增长自己知识的同时提升自己的品位！

闲暇时间说多不多，说少却也不少。为了打发时间，也应该培养一门高雅的趣味。本来玩就是玩，没有什么高下之分。可是我们心里总有一根隐形的杠杆，自动划分什么是"健康、向上的"，哪些又是需要改变的颓废习惯。例如：一般人认为看书于身心比较有益，而老是玩电子游戏连自己都有点过意不去。你可以研究28星宿，在家中露台上架一架最专业的天文望远镜，时时夜观星象；也可以闲时研究《本草纲目》……这些兴趣多么奇突有趣，也让人刮目相看。

事实上，越来越多的40岁女人认识到，无止境地追求金钱并不能够带来内心的幸福，也未必可以像想象中那样脱掉"贫困"的帽子。真正的贫困首先产生在心中，再反映在现实中。有钱而没有品位是一件可悲的、精神贫困的表现。实际上，令每个40岁女人欣慰的是，品位和生活的情调是可以培养的。它与金钱完全不同，获得品位的过程不需要一个人在精神和道德方面堕落，而恰恰相反，通过对生活品位的培养还可以提升自己的精神世界。不论你喜欢与否，你不得不承认，有品位和格调的女人能够让人另眼相看，更是男人的至爱！有钱不一定让你的

社会地位得到提高。但是，有修养、有格调、有品位的人却必定受到欣赏和尊重，因为人们会认为你社会地位比较高。

花一点时间培养你的品位吧！想象一下，一个整天忙得如同永动机的女人，哪里有时间思考？而不思考的人是无法进步的，更何谈岁月易逝，而女人如何保持美丽？这听起来耸人听闻，但却是无可辩驳的。人的思维会受到自己环境的影响，重复性的机械活动简化了大脑的功能。一个只会工作的人生活在一维空间，而一维空间是缺乏幻想的，是简单的、无乐趣的。这时就需要女人着力发掘自己的兴趣，来提升自己的品位，保持一生美丽。

所以说，有品位的 40 岁女人一定要有一种自己的爱好。那么，到底如何培养一份属于自己的爱好呢？

（1）培养一项高雅的爱好、认真地研究你的爱好，或许有一天，你的爱好会对你的职业有着莫大的帮助。有一门业余爱好，有的人甚至发展到了相当高的水平，有可能改变你的人生。

（2）请选择这样的爱好：音乐、绘画、雕塑、舞蹈、书法、围棋、国际象棋、鉴赏古物、品酒、桥牌、学习一门外国语等等。如果你有条件，最好请一位私人教师，你会发现一对一的学习效果令人吃惊。请不要选择这样的爱好：摇滚乐、街头说唱、打麻将、喝老白干、打保龄球（在西方它是没有品位的活动）。

（3）为了大脑的灵活，至少学会欣赏古典音乐。

有位女士说有太阳的早上自己会播放男高音帕瓦罗蒂的曲子，浑身充满了高昂的情绪；阴天的早上则播放忧郁的日本音乐，这种哀愁像雪天里饮清酒。还有一位女士会在商务谈判时为客户播放贝多芬的音乐。是不是很有创意？

优雅的人生态度找到一份与年龄相称的坦然

如果你听到一个 40 岁的女人在大谈"我们女孩子……"那么千万不要失笑，年龄是她们的致命伤，请体谅她们渴盼青春长驻的心情。如果你是一个 40 岁的女人，那么希望你不要为年龄恐慌，年龄虽然不能改变，但你可以改变自己的生活，改变自己的心境，快乐地享受 40 岁的人生。

（1）去异国他乡探险。

一个不懂法语的人去法国，或者一个不懂土耳其语的人去土耳其，要不要把自己交给旅行社的导游？如果你已经 40 岁，一定要深度尝试一下"自助"，即靠有限的旅游小手册和地图，把一个不大的国家逛遍，这是勇气的象征。里面充满冒险的欢欣和可能遭遇异国邂逅的浪漫，像一尾用异国香料烤就的鱼，散发出独特的香味，使你忍不住想尝试。如果你独自一人游荡在异国街头 10 天或 30 天，你的心情会由此发生深刻的变化。

（2）加入志愿者行列。

当你感觉命运对你过于垂青，你的近期目标已完全达到时，建议你加入到志愿者的行列里来。几个月或者一年，可以让你享用 40 岁的心灵维生素，在另一种忙碌中，体会到心灵的单纯与充实。

（3）不再顾影自怜。

如果你总把自己看成是世界上最可怜的人，那就糟了，那些嫉妒、羡慕和反感等不良感情就会占据你的心。你应该设法去掉这种意识，改变这种心理。如果你能把无用的、消极的思想从心中排除，而填以建设

性的、积极性的思想，那么，你的心病就会被渐渐治愈。

你会不会为着遥远的将来而寝食不安？——我就要被革职了，长薪水没希望了……如果是这样，你应及早纠正毛病。遥远将来的事情考虑得再多，也无补于现在，只是扼杀你宝贵的时间罢了。未来如何，全系于今天。今天的事，又系于今天切实的思想、切实的工作。千万不要让多余的胆怯，在你心上投下阴影。

（4）好学不倦。

世上无数想要成功的人们，无不拼命用功，有的上夜校，有的接受特殊训练，有的在家进行自学。可以说，能够真正成功的，都是好学不倦的人。

（5）让自己更美丽一些。

40岁的女性犹如一枚熟透的橘子，成熟、诱人。日趋成熟的你已学会适合的穿戴方法。

最佳的穿戴之道便是彻底发挥性感魅力。上班时可佩戴夺目的首饰来衬托你的成熟和干练，而居家的佩戴则以体现女性的妩媚和性感为主。在佩戴上应注意的大忌是盲目的喜好和追随不适合自己风格特点的饰品。

40岁的你应该佩戴的饰物是：各种名贵的珠宝首饰；高档的珍珠类饰物；大型套件首饰；极富民族风格的首饰；钻石饰品；风格偏于传统的首饰。

40岁的你不应该佩戴的饰物有：仿真首饰；夸张的廉价首饰；镀金银首饰；有孩子气或体现天真稚气的首饰；不适合自己风格的新潮时装首饰。

只要认准适合自己的路，一路走下去，终会找到梦中的青鸟。关于如何走得更顺、更美、更久一点，有两个原则你不妨参考一下：

①丰富的内涵。尽量见识多些，自己学习之外，跟别人交流也很重

要，要学会倾听，了解不同的人生、不同的文化。多与人沟通，请相信三人行必有吾师的古训，从不同的人身上可以学到很多。

②内心的宽容。对 40 岁女人来说，善良其实是种很重要的品质。年少时往往偏执，很难做到这一点，那时很冲动，贪慕虚荣，想要的太多。年纪大些反而越来越宽和，很多事情，退后一步看，不过是过眼烟云，而真正应当把握的，不经意间已静静落入你的掌心。

（6）培养你的品位。

有一种美女，在 20 岁时最美丽，逼人的青春晃得人睁不开眼，但是她从此一年比一年憔悴，因为她一年比一年难看，直到泯然众人，即使强撑着美女的名号，也是力不从心。还有一种美女，20 岁时叫她美女仿佛有着两分勉强，但是随着岁月的流逝，她的周身会渐渐散发出透亮的光芒，比如张曼玉。

从衣装搭配到家居布置，张曼玉的品位从来都备受赞赏，她是不是在这上面花费了很多心血呢？

她有些惊讶："没有啊！与很多职业女性一样，一般来说我的时间很紧张，不可能把一天中好几个小时放在应该如何选择衣服上。我的穿衣宗旨首先是舒服，平时上街购物我一般穿得很平常。除非是酒会、朋友 Party 我才会穿得比较正规，但不会像许多人那样在好几天前就为穿什么而大伤脑筋，我会在出门前几分钟内把衣服搞定。当然这需要独到的眼光，还有一些基本经验，比如什么场合穿什么衣服。但很多时候我的选择没什么'道理'，我觉得穿衣达到一定境界，仿佛高手出招，是没有对与错的。你可以说 Maggie，就美学原理来说，你配错了。但你不觉得，这样的搭配也许在别人身上是错的，可在我身上就很美丽嘛！"

那么关于女性最关心的"面子"问题，这个"青春不败"的女人是如何经营的？

"其实我在这方面花的时间极少，前一阵在沙漠拍戏才多敷了些面

膜。不过我还是建议，如果可能，还是早些开始保养会更好一点。但我并不后悔，我的时间分给了其他有意义的事情嘛。我不赞成女人花太多时间在美容上，如果你的生命是空虚的，什么都不学、不懂，即使给人称赞'你好靓呀'，也许你会开心几分钟，可以后呢？我觉得，一个外貌普通，但有内涵、言谈有趣的女人美丽得多。"

时至今日，"张曼玉"三个字已成为有关高贵、美丽、优雅、灵慧、剔透、经典……一切亮丽光鲜的字眼儿的代名词，所以，当她微笑说起"我的发型很时尚吗？都是自己剪的"时，人们禁不住睁大了眼睛。

她依然是浅浅的怡然的笑："我相信，只要对自己有足够信心，其实这个世界上没有什么难事。就说剪发，只要给我一面镜子，我会剪得很干脆，嚓嚓嚓，毫不犹豫。至于脑后的位置，摸一摸就知道哪里太长了。我想只有自己最了解自己，知道自己的每一绺头发应该怎么剪。当然也有失手的时候，但好在它终究会重新长长的，不是吗？难过几个星期之后就 OK 了，不需要太介意。"

这个美丽丰富的女子要怎样的灵气四溢、勇气十足、心胸宽广，才会每一个小小举措都这样看似平凡实则暗涌波涛？连女人视若生命的青丝秀发都可以这样轻描淡写，这个世界上，还有什么她迈不过的坎儿呢？

作为一个 40 岁的女人，告别年龄恐慌，找到让自己轻松快乐的方法，对你来说是至关重要的，因为拥有轻松心态，才能让自己做个"无痕"女人。

二　用爱和宽容照亮幸福的人生

对40岁女人来说，家庭即便不是生活的全部，至少也是生活中最重要的内容，守护丈夫与孩子就是她们最大的幸福。40岁的你应该明白，营造幸福家庭需要爱，也需要宽容，幸福的婚姻是需要心血和精力来精心呵护的，付出关爱，你也就得到了阳光灿烂的一生。

用爱给婚姻做"保鲜"护理

婚姻是两个相爱的人真正走到一起，组建了一个家庭，那婚姻就不应该是爱情的坟墓，相信谁都希望婚姻天长地久。但是，40岁女人的婚姻已开始进入平实的生活阶段，有了宝宝后的生活更是每天忙乱，是实实在在的柴米油盐，没有想象中的那么浪漫。日子不仅平淡如水，而且有时还烦琐得惊人，时间久了，会缺少激情，甚至有的婚姻早早地触礁了。这说明婚姻需要保鲜了，需要我们把五光十色的内容加入进去，再混合我们的真情与爱，婚姻之树就会常青。

现代人都有这样的常识：想要保持食物的新鲜，就把它放进冰箱里。渐渐地，冰箱成了保鲜工具的代名词。

当然，爱情也会过期，所以人们想到最好的办法就是把它放进名叫婚姻的冰箱里。但冰箱的常识又告诉我们没有一台冰箱能够使里面的东西"永葆青春"，它只能延长物品的寿命。更现实的是，冰箱里还放着许多与爱情无关的东西。保存不当，它们会使爱情串味，加速变质，最终会污染整个冰箱。

所以，不要把东西扔进冰箱就置之不理，要时不时打开冰箱，时不时把容易腐化感情的东西挪出去，时不时把除臭除味的芳香剂请进来，时不时在陈旧的爱情中添加新鲜的感情防腐剂。如果一时偷懒，及时发现补勤还来得及；如果一人疏于照管，另一人及时接班也还来得及。只要婚姻中的两个人能时刻注意为婚姻保鲜，生活就会时刻充满激情与浪漫。

那些婚姻时间维持越长、越美满的夫妻，往往越会保持刚恋爱时那种炽热的感觉。

有人说，那种炽热的感觉和爱情会随着时间的流逝而消失，要设法去维持。这就是说，要努力营造婚姻中的浪漫、情趣和幽默。

每一个人都希望自己拥有一个浪漫的婚姻，有的人以为只要找个浪漫的对象，婚姻就可以永葆浪漫。这是错误的想法，浪漫的人，特别是婚后的浪漫，更需要用责任和智慧，在现实生活中去营造。

婚后的生活很容易使双方陷入日常的、千篇一律的家务活动中来，个人的角色由原来的恋人变成了工作伙伴和访客。久而久之，两人没了激情有了距离，生活没了色彩有了乏味，爱情走向结束，婚姻面临危机。

婚姻的保鲜方法是十分丰富的。从小事做起，从不经意中做起，从情感做起，从包容做起等等。女人可以每天给丈夫熨一下衬衣，让丈夫在一天的生活中，体会夫人的温暖；可以在送丈夫上班时，擦一下皮鞋，顺便告诉他，希望他早点回家。现在很多男人做早餐、送孩子。为夫人担当了一定的家务，光干不行，如果加上一句，"夫人上班很累，我多干点"，夫人听了这样平常的语言，表面没什么，但内心是愉悦的。当然，还有更多的方法，在临下班时打个电话，给对方一个礼物、一个惊喜，投其所好是最恰当的保鲜方法。

婚姻的保鲜不能不提到性生活。可以把性生活放到保鲜内容中，在这里，我想单独地写，是给予重视。在国家没有控制生育的时代，孩子一大群，生活的压力使夫妻双方的精力都投入到了维持生活之中，性生活的概念日益淡化。周围的生活环境和人们的思想，也没有今天这样繁杂。从离婚率的数据中，大家就可以有明显的体会。随着经济的不断发展，文化素质的不断提高，性生活问题日益突显出来。性生活是婚姻中重要的保鲜内容，如果把性生活当成了履行的义务，不注入活力，即使有这样的生活，时间长了，也会没有了吸引力。特别是女人，女人在性生活中，处于被动的地位是普遍的，表达自己的要求时是羞涩的、含蓄的。让你的丈夫了解你的需求和想法，就是要加强沟通，学点保鲜的

方法。

婚姻保鲜的形式是丰富多彩的，根据文化程度的不同，经济条件的限制，生活习惯的养成，不同的家庭有不同内容。结婚纪念日，是最好的保鲜机会，它给我们提供了时间、内容……我们有无数个理由，向对方表达自己的爱，自己对家庭、对对方的要求。让我们的夫妻感情回到当年的热恋境界。把"死了都要爱"表达得淋漓尽致。

海鲜是道名菜，就是贵在了"鲜"字。婚姻的保鲜，就是难在了"天长地久"上。生活中每时每刻都需要理解、包容、爱恋对方，真是很累、很小、很难的事情啊。保鲜婚姻是一生的课题，它也潜移默化地影响着孩子。

为婚姻保鲜，看起来是一件很抽象的事，但只要用心去打理，用爱去经营，用智慧去管理，这样的婚姻给人的感觉肯定是每时每刻都新鲜。

（1）童心。

众多国人对一些中老年人喜欢手舞足蹈、载歌载舞不理解，甚至斥之为"精神病"。这些人忽视了童心不泯能增加许许多多生活情趣。其实，只有童心不泯，青春才可常驻，爱情才可历久弥新，所以最好能多保留一点儿天真、单纯，多拥有一点儿爱好、好奇心，多玩一点儿游戏。不管是男人还是女人，在外尽管当"正人君子"，可回到家，大门一关就最好当大孩子。这样，生活就会充满乐趣，夫妻之间也会有新鲜感。

（2）浪漫。

不少中国家庭太注重实际，而缺少浪漫。也许有人碰上这样的疑问："工作、家务忙了一整天后，一家人为什么不去散散步呢？"他会回答说："我很累。"然而这些说"很累"的人过不了一会儿就垒起"四方城"来，甚至彻夜通宵打麻将。可见，能否浪漫的关键在于是否拥有浪漫情怀。不要以为浪漫无非就是献花、跳舞，不要以为没有时间、没有钱就不能浪漫。要知道，浪漫的形式是丰富多彩、多种多样的。只要用心去做，让对方感受到你的爱，这就是浪漫。

（3）幽默。

许多人把喜欢开玩笑看成油嘴滑舌、办事靠不住，认为夫妻之间讲话应该讲求实在，用不着讲究谈话艺术。殊不知，说话幽默能化解、缓冲矛盾和纠纷，消除尴尬和隔阂，增加情趣与情感，让一家人其乐融融。

（4）亲昵。

许多夫妻视经常亲昵为黏黏糊糊，解释"不当众亲昵"是不轻浮的表现。但专家研究发现，亲昵对提高家庭生活质量有着妙不可言的作用，而长期缺少拥抱、亲吻的人容易产生"皮肤饥饿"，进而产生感情饥饿。因此，家庭生活最好能多点儿亲昵的举动。例如，长大了的女儿仍挽着父亲的手；夫妻出门前拥抱、接吻；一方回来迟了，不妨拍拍忙碌的另一方的"马屁"等等。

（5）情话。

心理学家认为：配偶之间每天至少得向对方说三句以上充满感情的情话，如"我爱你"、"我喜欢你的某某优点"。然而，不少国人太过注意含蓄，有人若把"爱"挂在嘴边，就会被说成是浅薄、令人肉麻。不少中国夫妻更希望配偶把爱体现在细致、体贴的关心上。这固然没错，但如果只有行动，没有情话，会不会给人以"只有主菜，没有佐料"的缺陷感呢？

（6）沟通。

人们不时可见，一些平日相处不错的夫妻一旦吵起架来就翻陈年旧账，把陈谷子烂芝麻的事儿一股脑儿全倒出来，结果"战争"升级，矛盾激化，有的甚至导致劳燕分飞。正确的做法应该是加强沟通，有意见、不快应诚恳、温和、讲究策略地说出来，并经常主动去了解对方有什么想法。吵吵架也不一定是坏事，毕竟它也是一种沟通手段，只是吵架时千万别翻旧账、别进行人身攻击。

（7）欣赏。

人们常用欣赏的眼光看自己的孩子，所以总觉得"孩子是自己的好"；又因为常用挑剔的眼光看配偶，所以总认为老婆（丈夫）是别人的好。例如，一方全身心扑在工作上，另一方既可以赞赏："他（她）事业心强！"也可以指责："一点也不把家放在心里！"这说明了，用不同的眼光去评价同一件事，结论会大相径庭。如果你不假思索就能数出配偶许多缺点，那么，你多半缺乏欣赏眼光。如果你当面、背后都只说配偶的优点，那么，你就等于学会了爱，并能收获到爱。

婚姻这门学问需要人一辈子去学习，正所谓活到老学到老，一时的疏忽大意，可能就会带来一生的遗憾。

从容应对婚姻中的"N年之痒"

婚姻是一场终生的事业，事业的每个阶段都会有低谷；婚姻又是一条长满刺的毛毛虫，在两个人的身上不断地磨蹭，需要与它斗智斗勇。胜负的标志是它先褪光了刺，还是你先过敏。正因为这样，我们先提前做好准备，当毛毛虫犯痒的时候，当处于低谷期的时候，我们就可以笑看风云，从容应付。

40岁的女人们，或许你即将或正在与7年、10年之痒做斗争，但是这些"N年之痒"绝对没有想象中那么可怕，只要我们经受住时间的考验，慢慢地磨合，那么我们的婚姻肯定能安全度过这些"N年之痒"。

夫妻感情归于平实是"N年之痒"的主要原因。人们对事物的珍重，往往在追求它的过程中显得更突出。爱情也是这样，在追求异性的过程中显得无比的热情和急切，一旦过上夫妻生活就会有所冷淡。

结婚之后，夫妻之间往往不像恋人之间那样相互亲热和富有吸引力了，双方都感到过去的爱情丧失了一部分。有人说，婚姻是爱情的坟墓，就是对这种现象的夸大。

作为一种很普遍的现象，婚后爱情的淡化与异性好奇感的消失密切相关。一般说来，在结婚之前，恋人往往期待着结婚，寄予结婚以十分美好的希望，憧憬着婚后的幸福生活。结婚以后，希望得到的都得到了，好奇感也就没有了。

婚后爱情的淡化还与婚后夫妻双方注意力的分散和转移相关。在恋爱阶段，恋人都是聚精会神地与对方交往，以各种亲密的方式传送和接受爱。新婚蜜月阶段也是这样。可是，蜜月之后，夫妻的注意力分散了：要工作，要考虑吃、穿、住，要应付各种社会关系，要赡养长辈。特别是有了小孩以后，母亲为生活而操劳，父亲为生计而奔波。这样，夫妻之间就很难有恋爱时那样多的甜蜜交往，更不如新婚时那样兴趣盎然。因而，有的人不免觉得感情冷淡，若有所失。

其实，随着种种社会伦理关系的建立，尽管冲淡了夫妻之间直接的情感交往，但中介性的交往却时时刻刻在进行着，中间绳索把两人拴得紧紧的，如果是现实主义者则会感到爱在加深。比如夫妻间的相互关照、对孩子的教养、家务的操持等等都是爱情的现实表现，通过这些活动可以帮助、体贴对方，加深感情。爱情并不在于说多少爱的呓语，而是要见之于行动。正如车尔尼雪夫斯基所说的那样："爱一个人意味着什么呢？这意味着为他的幸福而高兴，为使他能够更幸福而去做需要做的一切，并从这当中得到快乐。"

尽管结婚之后，好奇心满足了，注意力有所转移和分散，但爱情并没有完结，爱的表现方式更多了，爱的体验更深了。一个方面的因素没有了，另外诸方面可以到来，甚至还会更充实、更全面、更牢固，问题在于每一个人能否体会到这种生活的乐趣。一个会生活的人，也就是奋

43

力追求爱并真正懂得爱的人，对种种输出和输入的形式，他（她）都能适应，并加以发展。

夫妻生活中不可能没有矛盾，生活习惯、思维方式、为人处世等各方面不可能都一致，这就不可避免地导致矛盾。建立于爱情基础上的家庭也会时常有矛盾发生。两口子过日子鲜有不磕磕碰碰的。家庭中的大小矛盾，或多或少，或轻或重都影响到夫妻感情。夫妻之间的矛盾根源何在？夫妻的矛盾心理有何表现？怎样克服这些矛盾？是每一个成家立业者都应特别关心的问题。

（1）对婚姻和对方的期望值，不要过于理想化和标准化，而且要不断调整。

对于另一半，我们从很早的时候就开始想象和设计，人人都希望自己的伴侣方方面面都很优秀。但现实是，这样的人根本不存在，或者婚前热恋的时候以为自己找到了，但结了婚之后才发现，对方原来在很多地方并非自己想象的那样完美。所以，要想婚姻生活有幸福感，首先期望值就要适当，宁愿低一点也不要过高，这是符合心理学规律的。从心理学角度说，幸福感反映了个体期望值与成就感之间的"缺口"或"比值"，缺口＝期望值－成就感，比值＝成就感/期望值，缺口越小，比值越大，幸福感就越高。期望值要不断调整。婚姻 N 年要有与之相对应的期望值，这样才不会有太大的心理落差，才不会出现所谓的"婚姻 N 年之痒"，才能在尽可能多的时间里享受婚姻。

（2）不要质疑婚姻的幸福。

以体验论幸福感的观点，幸福感是一种心理体验，这种体验并不是某种转瞬即逝的情绪状态，而是基于主体自觉或不自觉的自我反省而获得的某种切实的、比较稳定的正向心理感受。我们一定要相信自己的婚姻会幸福，相信双方都会为之努力，并且寻找可以支持这种信念的细节来强化它，然后我们才会有足够的勇气和意志去面对婚姻中出现的任何挫折阻碍。如果抱着怀疑一切的态度去面对婚姻，真的很难有幸福快乐的体验。

（3）接受选择，创造幸福。

南怀瑾在他的一篇文章中这样写道："我也常常提到杭州城隍山城隍庙门口的一副对联。这对子上联描写夫妇关系：夫妇本是前缘，善缘、恶缘，无缘不合。夫妻不一定是好姻缘，有的吵闹一辈子，痛苦一辈子。下联说的是儿女问题：儿女原是宿债，欠债、还债，有债方来。有债务关系，才有父母儿女。所以，人生由男女感情结为夫妇，然后生儿女，美其名曰天伦之乐，其实从人生深一层的体会来看，没有乐，只有苦，不过人都是喜欢苦中作乐罢了。"很精辟的一段文字，但如何苦中作乐就是仁者见仁、智者见智了。

所以接受选择、创造生活就是一种最好的诠释。快乐也是一天，不快乐也是一天，那么，接受婚姻的现实，创造生活、发现快乐，也就一定会快乐幸福。

细细想来，"N 年之痒"实际上就是婚姻生活中的某一段时期处于低俗期，就像人的情绪有高潮有低谷一样，只要我们正确看待和面对这段低谷期，把它看成我们生活中的调味品，那么我们的生活岂不是会更丰富多彩？生活本来就不会一直风平浪静，只要我们怀着一颗盛满爱的心，用真情、真诚去面对一切，女人们，我们的婚姻生活一定会一直幸福。

用心找回失落的幸福

许多 40 岁女人都暗自感叹，丰富了的是金钱和物质，失去了的却是温馨和浪漫，在外劳碌奔波的丈夫，回到家中就是为了吃饭和睡觉，

欢笑、幸福早已消失无踪了。

现在的男人活得越来越累，而女人一样感觉到很累。女人累的是家庭和孩子，男人累的是女人。应白就是这样的男人，为了他心爱的女人紫娟，为了能让她生活得好一点，他拼了命地工作、工作、再工作。刚开始没什么，因为年轻，累是一种幸福，是一种享受。而随着年龄渐渐地增长，男人便会感到越来越力不从心了，除了生活越来越麻木和低调，不知道每天自己都在忙些什么，回到家里，对妻子的温柔视而不见，对孩子的天真可爱熟视无睹。每当深夜拖着疲惫的身心踏进家门时，看到坐在沙发上等候的妻子，简简单单地问一句，就再也不想多说了，以前的种种温馨和浪漫都随风而去，再也找不回它的踪影。对于这种情况，聪明的40岁女人不要抱怨，而是应该用你的柔情和爱意去唤醒丈夫疲惫的心。

因为男人本已很累的心已经不能承载得更多，人的欲望是无止境的，家庭本是一个自由和放松的空间，过多的奢求便会使它变成一种束缚，紧紧地套住了所有的欢乐和幸福。

那么就请在你有空余时间的同时，为他多做一些举手可得的事情吧：

（1）每天早晨为他准备几片全麦面包，因为它能更好地吸收食物中的色氨酸。据说，这种色氨酸能提高人脑中的一种激素，从而使人产生愉悦的感觉。平日里，在吃富含蛋白质的肉类、奶酪等食品之前，先吃几片全麦面包，也可以保证色氨酸很好地进入大脑，而不至于被其他氨基酸挤掉。

（2）买一些适合他口味的咖啡，放在他的办公桌里，每天早上冲上一杯浓浓的咖啡，有助于提神醒脑，一天之计在于晨，这样一天中即使再累再忙也会有充足的精力去应战。

（3）提醒他不要忘了喝足8杯水。人每天都应该喝足够的水，以防止因缺水而感到萎靡不振。

（4）每天的餐桌上应有几根香蕉。香蕉是快乐果，专家发现，香蕉中含有丰富的镁，而人的紧张情绪与体内镁的缺乏有着密切的关系，所以，不要忘记为忙碌的丈夫在他的食谱中增添些富含镁的食品。除了香蕉外，橙子和葡萄也可以使紧张、易怒、抑郁等不良情绪得到改善。

（5）奉上你甜美的微笑。劳累了一天的丈夫，回到家里，当看到你满脸笑意时，他会感到很放松。女人的微笑，使男人疲惫的心有了温暖的依靠。男人讨厌唠叨式的关心，但却乐于接受来自妻子的温柔和体贴，因此，女人们，赶快行动起来吧，用你的爱意重新为婚姻注入激情！

用沟通帮婚姻释放"恶性能量"

因为婚姻是来自两个不同家庭，有着不同人生观、价值观的男女走到一起，客观存在的差异难免会使他们在共同的生活中产生一些摩擦，如果不能及时进行深入地沟通，那么"小摩擦"就会变成大矛盾。

首先，为了避免蓄积恶性能量，夫妻双方一定要选择好时机，巧妙而策略地进行交流沟通。我们经常在一些外国影视片中听到夫妻某一方说："我想找你谈谈！"于是，双方会找一个机会把心中的不快全倒出来。而不少中国夫妻却把意见、不快压抑在心里，不挑明，还美其名曰"脾气好，有修养"。其实，相互闭锁只能导致误会加深，长期压抑等于蓄积恶性能量，一旦爆发，破坏性更大。

不同内容的交流沟通，对时机的选择有不同的要求，比如交流沟通不愉快的话题，或想提出意见，在时机的把握上，就要动一下脑筋。千万不要在丈夫或妻子心情不好时提出来，特别是当男人劳作一天之后，

回到家里，最想得到的就是轻松愉快的心境，此时的女人最好不要提起不愉快的事情。男人喜欢事情过去就不再提起，你最好不要动不动重提令人烦恼的旧话，即使有老账也不要这个时间算，因为据婚恋专家讲，此时是容易爆发"战争"的敏感时间。如果此时你能制造出一种愉快的气氛，让两人一起回忆幸福的往事，将会度过一个美好的夜晚。

如果你对他有意见，想跟他吵架，千万不要当着同事、朋友的面或当着孩子、他父母的面，这样做的结果只能是两败俱伤。男人多数都很重视自己的尊严和面子，所以你应注意自己的行为对他造成的感受，不要在大众面前伤了他的自尊。还是多注意一下自己在外人和他的同事面前的言行为好，尤其不要大事小事都想找他的父母、同事、朋友或领导反映。

即使掌握了以上的原则，夫妻之间仍然会有摩擦，也会有"冷战"，这时，夫妻之间一定要有一方站出来，寻找合适的时机进行沟通。但是，现实中却很难有一方首先来寻求交流的，这是因为，一是夫妻间的冷战给双方造成了心理压力，另一点是"冷战"后双方都渴望与对方沟通，只是碍于面子谁也不愿主动打破僵局，仿佛谁主动谁就是"冷战"的肇事者。其实对于夫妻来说原本不该有这么多的顾虑，想想当初恋爱时的"一日不见如隔三秋"和相互关爱，没什么是沟通不了的。有了摩擦都较着劲不理对方，久而久之，真的可能会使对方习惯了没有你的日子，以至于分道扬镳也不是不可能。

只要还想维持婚姻关系，并且希望婚姻生活幸福美满，就必须有一方要首先开始交流沟通，丈夫作为男人，尤其要勇于担起这副重担。有一对关系还不错的夫妻某天闹了别扭，接下来谁也不理谁，过了几天后，妻子回家推门看到以前井井有条的家像遭了贼一样，东西乱七八糟摆了一地，卧室的门敞开着，丈夫跪在地上不断地从柜子里向外扔东西，越扔越急的样子好像是在找一件很重要的东西。妻子忍不住问丈夫："你在找什么?"丈夫猛然回头回答道："我在找你的这句话。"小小的插曲使妻子明白丈夫的良苦用心，夫妻终于讲和了。

其次，因为男人天生不太喜欢用言语表达思想和情感，所以应当着重加强这方面的训练。

做丈夫的切莫仅仅认为沟通不过是说说话而已，其实里面大有学问，在与妻子谈话时，最好不要忘记以下几点：

（1）常常回忆恋爱时两人在一起谈话的情形，在婚后仍然需要表现出同样程度的爱意，尤其要将你的感受表达出来。

（2）女人特别需要跟她认为深深关怀呵护她的人谈话，以表达她对事物的关切与兴趣。

（3）每周有 15 个小时与另一半单独相处，试着将这段时间安排得有规律，成为一种生活习惯。

（4）多数女人当初是因为男人能挪出时间与她交换心里的想法与情感，才爱上他的。如果能保有这样的态度与心意，继续满足她的需求，她的爱就不会褪色。

（5）如果你认为抽不出时间单独谈话，多半是因为你们在安排事情的轻重缓急上有问题，同时在设定的谈话时间里，最好不讨论家庭的经济问题。

（6）不可以利用交谈作为处罚对方的方式（冷嘲热讽、称名道姓、恶语相向等等），谈话应该具有建设性而不是破坏性。

（7）不要用言语来强迫对方接受你的思考方式，当对方与你想法不同的时候，要尊重对方的感受与意见。

（8）不要将过去的伤痛提出来刺激对方，同时要避免僵持在目前的错误里。

（9）配合对方有兴趣的话题，也培养自己在这方面的兴趣。

（10）谈话之间也要有平衡的，避免打断对方的谈话，试着把同样的时间留给对方来发言。

婚姻中的沟通应该是双向的，不要总是有了嘴巴没有耳朵，只有彼此尊重，互相倾听的沟通才是有效的沟通。

管他就像放风筝，收放要适度

大多数女人的本意是：想要管住一个男人就必须抓住两个方面——男人的钱包和手机。经济和行踪都管理好了，一个男人想花心也难。

俗话说"男人有钱就变坏"，这似乎已经得到了大量实践的验证。为此，有些女人干脆把老公的工资先统一收缴"国库"，再按月发饷。这样做，尽管从管理力度上来说非常彻底，但从技巧上来讲却不近人情，而且男人出门在外要靠钞票充门面。我们可以每个月"征收"老公工资的一部分，作为家里的公共基金，当然你也要上交，这样既不会让老公觉得受到不平等的压榨，又达到了给老公钱包缩水的效果。

哪怕你再想知道老公的行踪，也不要贴身追踪，隔两三个小时就打电话查岗，这样做的结果只会让老公厌烦，更伤害了男人的自尊。作为女人，最糟糕的是把自己心爱的男人"推"出门去。

杨依莲一下班直奔家里，电话短信一直发给老公，看到老公在家就兴奋得要死，又是端茶又是递水，一直坐在老公旁边。结果，却每次不到几分钟就要被骂一次，原因是老公嫌她太唠叨。水喝了还问渴不渴，刚吃完饭她还问要不要吃什么，电话来了问是谁，是男是女，找你干什么……朋友有时都觉得杨依莲很可怜，自己的生活圈子不去创造干嘛整天围着老公转，况且老公脾气又不好，钱什么的也都投在他身上，吵架了就骂老公没良心。朋友不止一次地劝过她，自己的钱自己保管，别把钱都给了老公，因为他都是拿去吃喝玩乐，也是浪费。可她偏偏听不进去。现在好了，老公终于有外遇了，她更是整天守着他，每次都打电话骂那第三者。第三者说了一句：你知道为什么他要和我在一起吗？你最好自己检讨检讨，没有哪个男人愿意身边围着一只苍蝇一直嗡嗡嗡嗡地叫，睡觉也叫，吃饭也叫……

杨依莲就是因为把丈夫看得太紧，收放过度，最终把老公"推"向别人的怀抱。

其实我们完全可以先进入老公的社交圈，与老公的同事朋友交朋友，如果可能的话，更要跟那些太太交朋友。一旦太太同盟形成，老公们的行踪便尽在掌握了。

事实上，并非所有管老公的妻子都担心老公在外面有外遇，而是因为太心疼对方，什么事情都想替他操心：他约了朋友吃饭到点了还在上网，你要管；他的表妹过生日，他买了个公仔作礼物，你还是要管；他哪怕是去银行取个钱，你都担心他把密码告诉别人……为什么你事事都想管着他呢？是因为你爱他。曾经有人说过："当你觉得这个男人像孩子一样，任何人都可能欺负他的时候，证明你已经爱上他了。"

可是，可爱的女人们，你们可知道，他在认识你之前，还不是一样活得好好的，一样和上司朋友打交道，一样给表妹过生日，一样去银行取钱……说不定你这样管了，你的老公还不会领情呢——他会觉得你不信任他，在你眼里他什么都不是，从而产生了逆反心理，以后做什么事情，去哪里见谁，再也不让你知道了。

还要提醒你的一点是：千万不要把婚姻看作生活的全部，而对老公过于依赖，以免这个城堡不堪重负被压垮。除了婚姻还有很多其他社会活动需要你的参与，譬如工作、关心父母、朋友、自己，以及各种广泛的社会活动。如果把自己的一切都和他绑定了，那你也就成了他的附属，这样于自己是一种枷锁，于别人是一种负担。

男人就像女人手中的一把细沙，抓得越紧，丢得越快、越多，所以

女人别把男人看得太紧，给他一片自由的天空，这样你也许会得到更多。彼此都要留点私人空间比较好。

做一个新好妻子的 14 条定律

40 岁女子大多已为人妻，然而你真的知道怎样做一个好妻子吗？旧时代要求女人遵守三从四德，现在你当然不用去理会这些陈腐的观念，不过有一些基本的戒律你还是要遵从的，否则你的婚姻就会出问题。

（1）搬弄是非。

人家说长舌是妇人的专利品，但你可不要领取这份专利。在男士面前说别人长短、揭发人家隐私，都会破坏男士对你的印象，觉得你是小家子气的无聊人。

（2）缺乏爱心。

女性天生喜欢男人迁就、宠爱，不开心的时候要求丈夫千依百顺，你可就要"悠着"点儿了，因为男人有些时候更需要爱护。不过，有些妻子，在丈夫忧愁郁闷时，还坚持要丈夫跟她看戏、逛街，或做她自己喜欢做的事情，如果丈夫表示心情不佳，不想赴约，她立刻就冷嘲热讽，说男人大丈夫不当如此软弱、闹情绪，十足妇孺一般等等伤他自尊的话。这种只可以共欢乐、不可以同分忧的女人，有哪个男人愿意与之相伴终生！

（3）控制欲过强。

许多做妻子的，不但没有发挥对丈夫体贴入微的天性，而且刁蛮成性，喜欢在丈夫头上满足高涨的权力欲。不但家中的事务要由自己做主，就连丈夫平时穿什么衣服、梳什么发型，也要向她这位"权威"

请示。要是对方有什么不合自己的脾胃，就会雷霆大发。最初，丈夫还会千依百顺，但时间长了，性格再好的男士恐怕也要说声"请另聘高明"了！说到底，世上没有多少个男人喜欢这种领导型的妻子。

（4）不体贴。

对丈夫的起居完全没有心思去照顾。丈夫下班后，只听到妻子唠叨不休地诉说自己的烦恼。这种妻子可说毫无建设性，既不了解丈夫的需要，也难以做到"持家有方"。

（5）自顾玩乐。

这种妻子讨厌家务，一有空便溜之大吉，你可以在社区中心、慈善机构、银行的外币存款部或麻将桌上发现她们的影子，却很难看到她们安于家室。

本来多参与外界活动，能开阔胸襟，有益身心，但若为此而疏忽家庭，则是本末倒置了。

（6）虚荣。

虚荣的妻子，一旦把握家庭经济大权，便会花很多钱去打扮自己，买漂亮的衣服，频频置换家具。要应付这种妻子，丈夫必须努力工作，甚至以不法手段去赚取更多的金钱以供"家用"。

（7）过分整洁。

女人的天性较男人爱整洁，有些妻子把家打理得一尘不染、井井有条。对子女的起居饮食也一丝不苟、有规有矩。报纸不能乱放，甚至任何摆设也不能乱动。于是全家人都在她指挥下生活，不能稍越雷池。这种生活往往会使家人紧张得透不过气来，这样的家庭也只宜展览，不宜居住。其实，过分的整洁是不必要的，生活的艺术是活得多姿多彩，而不是反受环境支配。像行军一般的生活实在没有趣味。

（8）缺乏自信。

这类妻子疑心极重，常常怀疑丈夫对自己的爱是否掺了水分，对丈

夫的一切都要探知，而且占有欲极强，希望把丈夫和其他人（尤其女人）隔离。她们对自己完全没有信心，因此恐惧失去丈夫的爱。

其实，既然当初他肯娶你，你必定是有吸引人之处，不必整天担心丈夫变心，弄得自己神经兮兮的。要保持大方、磊落，对丈夫要信任，这才是婚姻之道。

（9）过分含蓄。

这类妻子永远不把真情流露，当丈夫热切地问："你爱我吗？"她说："爱，不过请先让我睡觉！"说完，就呼呼大睡了。

请用行动表示你对丈夫的爱，例如记住他的生日、致送礼物、分担他的烦恼等。最重要的是向他明确表示你的爱意，因为人人都喜欢听"我爱你"这三个字的。

（10）红杏出墙。

夫妻间的爱，绝对容不下第三者，若你因为感情过分脆弱，受不住诱惑而有红杏出墙的行为，请仔细想一想，是否你和丈夫的情感出了问题，到底你爱的是谁？假若丈夫仍是你的最爱，你便应该下定决心与第三者分手，切莫拖泥带水，令事情更趋复杂。

（11）不做"男人婆"。

很少有女人会喜欢"娘娘腔"的男人，同样也很少有男人会爱上像"男人婆"的女人，因此，具有女性化特质的东西会更容易打动男性。在婚姻生活中，注意从外在的柔美、娇俏及内在的温柔婉转等方面来凸显女人味，会更容易令老公动情。

（12）保留羞涩的魅力。

恋爱中少女的娇羞娇涩，往往最容易拨动少男心中的那根弦。但等到结婚及至生子之后，夫妻双方已熟悉得不能再熟悉，而许多女人会认为在老公面前还有什么可遮挡的，于是往往在他面前毫无掩饰、赤裸相见，失去了自己在老公眼中的神秘感。其实，给爱留出一些回旋的余地，不要把羞涩的面纱破坏殆尽，借助羞涩的魅力来激发老公的爱恋之情，可以更多地丰富夫妻生活的情趣，使夫妻之情常爱常新。

（13）不要借丈夫炫耀自己。

已婚女人在一起，话题总是离不开老公和孩子，这本无可厚非，但有些女人却会因为老公商场得意或宦海高升而变得趾高气扬、盛气凌人，总不忘在人前显摆显摆，这实在是一种浅薄之举。

（14）不要"大女人主义"。

女性地位日益提高，虽仍是弱势群体，但也已经有模有样地撑起了"半边天"，这自然是令女人扬眉吐气的事。但有些过于"女权"的女人有时会把大女子主义发挥得过了头，在家里也要一手遮天，要老公对自己言听计从。其实这大可不必，"训练"出一个唯唯诺诺的男人真的有必要吗？男人都是爱面子的，因此，作为妻子，不妨把一家之主的虚衔让给老公，一来表示对他的尊重，二来大女人主义也不是这样表示的。你应该对他进行"柔性攻势"，以柔克刚，才是女人本色。这样他对你的话听得心悦诚服，你对他的爱也表现得淋漓尽致。

一对夫妻要共同生活数十年，作为妻子，你一定要调整自己的心态、行为，不要做伤害丈夫的事，不要犯不可原谅的错误，做一个新世纪的新好妻子。

以宽容之心给爱一次机会

如果爱人背叛了你，你会做何反应呢？30 岁的你可能会大吵大闹，甚至会一怒之下了断婚姻；但是 40 岁的你可能会宽容地给爱一次机会，因为岁月的磨砺使你对"爱是恒久的忍耐和仁慈"有了更深的理解。

丈夫有外遇是所有做妻子的心头最难抚平的痛。不管是真是假，没有哪个女人愿意让自己原本平静的夫妻生活无中生有、无风起浪。但该来的总会来，谁都挡不住。

爱的激情褪色后，彼此的吸引淡漠了，但双方还没有建立起令彼此都十分适应的生活习惯，这时，假如你还像传统女人一样墨守成规，男人确实容易见异思迁，你自己也会因没有主见而发生判断的失误。假如你遇到了类似问题，不要心急，不要悲观，学会静心自我反省，从中找出问题的症结，对于未来的婚姻路，每个问题的解决都会让你俩更加和谐。

女人是一种感性动物，感情非常丰富，一辈子都会如此。然而，两个再相爱的人相守太久彼此间都会变得平淡，所以才有了一句歌词：相爱容易，相守太难。心中虽有千万分爱，无奈一点小事，遂惊一塘波澜，便惹得胸口堵塞，思绪单一，继而泪如雨下。那属于爱情的疼痛，在女人身上，是如此的鲜明，并顽固不化。常吵常离，反反复复，分分合合，静下心来，却独不想自己的错处，只觉得他有一万分对不起自己。不如意的事越想越多，再往下，便会想他是如此不体贴人意，最糟的是，忽然间就发现他也许根本不爱自己，每想到这层，哪个女人能不伤心？

然而，女人又是可爱的，女人的可爱就在于那份宽容心上。几番劝解、几番温柔之后，破涕为笑时再去想从前伤心时的绝情话，女人自己心中亦觉哭笑不得。捶一捶爱人的胸口，娇嗔地望他几眼，一切的委屈便都烟消云散，这便是女人，让人可恨可气又可爱的女人。

生活多平淡，流年恰似水，也许年轻时多折磨多任性，恍恍惚惚便空度几十年光阴，也爱过也伤过，到头来只留下一身的疲倦与伤痕，越来越老时，才渐渐体会到宽容的重要性。而女人若宽容，不妨自欺欺人地说：生活会阳光骤现，风雨不再；女人若宽容，与之相处的男人，亦会满心欢喜，亦会顺畅得多。因为宽容，许多烦恼琐事便会不战不败，便会自动地烟消云散，退一万步说，亦伤不了自己。伤不了自己，便是爱自己最好的方式！

有这样一个故事：

40 岁的冬冬自认是个非常幸福的女人，有一个非常爱她的先生、有一个温暖的家。然而在婚后的第 10 个年头里，她却不得不面对一个让她痛心的情况。

一天，冬冬下班后匆匆回家已经是晚上 11 点多了，门从里面扣住了。用力敲，没声音，再大声叫，好久丈夫才伸出了脑袋，一副刚睡醒的样子。

冬冬一声不吭地在屋子里转了一圈，突然，她猛地拉开了大衣橱，只见一个衣着凌乱的姑娘，惊慌失措地龟缩在那里。

"穿好衣服，到客厅来。"冬冬很平静地说。

丈夫跟着冬冬来到客厅，刚想开口，冬冬就截住他："你不用解释，有你说话的时候，请你先回避一下。"冬冬用犀利的目光看着站在面前的姑娘："你把纽扣系错了。"

姑娘低头看看自己的衣服，果然把第二颗纽扣系到第三个位置上了。她的脸更红了。

冬冬接着问："你叫什么名字？今年多大？"她好像在聊家常。

姑娘遇到一股逼迫力，乖得像面对老师提问一样做了回答。

"你知道你这样的行为是错的吗？当然了，这不能全怪你，但在你这样的年纪，要经得起诱惑啊！你要学会找到属于自己的爱，一个全心全意爱你的男人……"

半个小时的谈话都是在细声细气中进行的，这是一场心灵与心灵的交战，它没有白热化的场面，然而却有令人为之震撼的力量。

"大姐，我错了，我以后一定听你的。"此时姑娘已热泪盈眶了。

冬冬把姑娘送出了门，还为她理了理凌乱的头发。

事后，冬冬原谅了丈夫：她不是妥协，而是经过一番理智的衡量后的决定，冬冬认为，自己还爱丈夫，丈夫也还爱她，他们的婚姻还没有到非分手不可的地步。

很多时候，良好的教养在发生问题时，往往会成为知识女性的阻力。这时一定要设法从教养的束缚中解放出来，告诉自己，教养应该使我获得更好的心理素质，并且成为我解决问题的动力，这样你很快就能放下教养的负重，正视眼下的问题，学会以问题为中心。

面对丈夫的外遇，任何女人都不易冷静。但冷静是你解决问题的第一步，该怎么做呢？

（1）不要在当日处理问题。

要设法把问题放在一边，对自己说，我绝不在当日解决问题，这种自我戒律一方面可以转移你的痛苦，另一方面也可以适当地平息你的愤怒情绪。

或许当时你怎么也想象不出，自己怎样才能挨过这一日。但是，只要今天过去，明天到来，你一定能大大地放松，从新的一天发现你意想不到的变化。

（2）从想象的离异中体验现在。

很有可能，他的突然出轨伤透了你的心，使你无论如何也无法再和他共枕，即使在这时也不要轻易和他分居。尽管大家暂时不能同眠，也要待在他的身边，哪怕背过脸去，从想象的离异中体验现在。

想一想，你已经和他分开了，或者以后你每天回家，再也看不到他的存在。也许，这样的场景可以适当平息你的愤怒，让你找回原先的感觉。即使你觉得自己已经变冷，也千万不要过早下结论。俗话说，"一日夫妻百日恩"。只要你俩还在一起，每一个细小的接触都有可能重新点燃爱的火焰。

（3）以习惯的方式解脱痛苦。

从前遇到痛苦时，你一定有自己习惯的解脱方式。那么好，这次还是这样做，只要你能暂时解脱，尽量做自己喜欢做的事。比如，外出、购物、找朋友、听音乐……

千万不要待在家里苦思冥想。记住，对付痛苦最好的办法就是暂时关闭思想的开关，努力做一个没有思想的快乐人，你就能得到真的快乐。

（1）想想丈夫的优点，即使他有外遇，你能否舍弃他。

假如你想到他的优点时，发现自己无论怎样都无法舍弃他，你就要遵从自己的内心直觉。仔细想想，金无足赤，人无完人，假如你能确认自己真的爱他，就要拿出实际行动，以便证明你的爱。

（2）想想他的过去，看外遇对他是偶然还是必然。

毕竟，你们夫妻已有一段感情，想想他的过去，可以帮助你做出眼下的判断。假如你发现他的外遇是偶然，最好能原谅他，给他一次悔改的机会；假如是必然，就要问问自己到底要什么，以便对自己的将来作出打算。

总之，你是知识女性，无论在哪方面都有自己的独立意识。假如在没有他的情况下你也能很好地生活，那么，你唯一需要考虑和捍卫的就是自己对他的感觉。

（3）尽量不在当时交谈。

往往，谁也不愿在疼痛时去触动伤疤，同样，刚刚受伤的你俩也不要轻易交谈过去的不快。很多时候，夫妻之间需要非语言的爱恋，假如你俩能从行动上重归于好，待伤疤痊愈的一日再彼此交流，所有的痛苦都会变成积极的经验。

大雨过后天更蓝，泪水过后情更真。外遇并非虎狼般可怕，如果你处理得当，不但可以顺利地化解这场危机，而且从另一个层面上来说，

你们夫妻间的感情经过这严峻的考验，有可能会更加牢固、更加亲密。

女人学会宽容是需要时间和代价的。一般说来，年轻时多任性计较，但在婚姻中一路走下来，慢慢地就会懂得什么叫无奈了。

当然宽容也不是没有界限的，因为宽容不是妥协，虽然宽容有时需要妥协；宽容不是忍让，虽然宽容有时需要忍让；宽容不是迁就，虽然宽容有时需要迁就。但宽容更多的是爱，在相爱中，爱人应该是我们的一部分，是爱的一部分，在这个前提下，甚至于婚姻中的错误有时也会成为一种营养，它的意义不是教会我们如何谴责，而是教会我们如何避免。

懂得宽容的女人是聪明的女人，她们知道生活中总有波折的，咄咄逼人只会两败俱伤，只有小事不计较，大事又宽容，生活才会幸福而平静。

关爱，婚姻生活最永恒的黏合剂

无论你的自尊心有多强，你都得承认，在大多数情况下，男人才是家庭的顶梁柱，他们整日在外奔波，家里的一草一木、一砖一瓦都沾有他们的汗水。男人很累，做男人也不容易，他需要你的理解，更需要你的体贴和关爱。

没有哪个男人愿意在外边劳累了一天，回家还要面对一只不近人情、自私自利的母老虎。如果他最想要的东西没有从你身上得到，又怎能怪他"移情别恋"？

营造甜美的婚姻，拴住男人的心，关爱是有力的武器之一，关爱有时需要智慧，家庭生活有时也需要精心的策划。

安琦是一位作家，虽然经常在报纸刊物上发表一些文章，却影响不大。可是在家庭生活中，他却感觉到了前所未有的幸福温馨。

有一段时间，连安琦自己都不知道什么原因，沉默寡言的他总是能收到亲戚朋友的礼物，他十分得意，年轻漂亮的妻子则显得有些嫉妒。

情人节到了，令安琦做梦也想不到的是，他竟然收到了一束娇艳的玫瑰。而且，玫瑰还是花店的员工亲自送到的，绝不存在送错的可能。满面狐疑的安琦，发现花束中还有一张卡片，写满了滚烫的情话。面对妻子充满问号的眼睛，安琦无奈地说：“我也不知道是怎么回事，我是跳到黄河也洗不清了。”不料妻子却笑了：“呵，想不到，我的老公还有人牵着挂着，看来我们家的秀才魅力不减，当初我真的没有挑花了眼。”安琦暗暗感激妻子，也暗暗感谢送他鲜花的不知姓名的姑娘，是她使自己又感到了被关爱的温暖。

怪事接连发生，安琦的一位校友兼文友，不知道为了什么，突然送给安琦一套名贵的西装，安琦坚决不收，朋友却扔下就走，还说：“我也是受人所托，你不要，我怎么给你处理？”倒是妻子想得开，说：“不是偷来的，也不是抢来的，你就穿上又能怎么样。”

转眼半年过去了，安琦接到了那位朋友的电话：“安琦，那套西服怎么样啊？”安琦回答说自己根本没有穿过，朋友沉吟了一会儿，说：“好吧，我告诉你，那套衣服是嫂子买的，她不让我告诉你，她说你收到一个陌生人的祝福一定会很开心。衣服虽然很贵重，但嫂子的心更贵重，它是金子做的。”

一双胳臂伸了过来，从后面轻轻地搂住安琦的腰，安琦抚摩着妻子的纤纤素手，热泪滴落下来。

面对这么聪明、这么懂得体贴人的老婆，哪个男人能视而不见、无动于衷？

所以不要因为已经是夫妻，就觉得表示出对对方的关心是多余的；

不要因为工作忙，就忽略了给予对方关心；更不能因为生活压力大，就无心去对对方表示关心。相互的关爱，彼此的关心是夫妻间的健康维生素，是夫妻生活的调节剂，是让两颗心紧紧粘在一起的最永恒的黏合剂。

人从生下来的那一刻起，就在对父母的依赖中成长。依赖是人的天性，直到我们慢慢长大，在光阴的流逝中，我们渐渐成熟，对他人的依赖终于降到最低点，我们终于可以以一个独立的、完整的个体去面对以后要走的路。可是总有一些人，特别是女性朋友，即使她的年龄早已步入成年，可她的心智却依然未能成熟。婚前，他们依赖父母，婚后，处处依赖老公。无论是人格上还是经济上，她们处处表现得像一个十足的弱者。因为外界因素对她们太多太多的制约，以至于一有什么风吹草动，她们就成了那个最"容易受伤的女人"。

在生活中总不乏这样一些女人：遇到一丁点情感上的挫折，她们就会不停地向人抱怨，为什么受伤的总是我？那一幅可怜兮兮的面孔，好像上天把所有的不公和委屈都给了她似的。为什么受伤的总是你？其实，这句话最应该问你自己！

这些话千万不要对他说

一项调查显示，导致夫妻吵架的最主要原因是口舌之争，也就是说摩擦大都是因为说话不谨慎引起的，下面就是最容易挑起矛盾的几句话，你不妨参考一下：

（1）"嫁你算倒霉了，整天为钱操心！"

一个丈夫兴致勃勃地对妻子说："刚发了薪水，我们去吃大餐！"

他绝对是出于好意，但是太太听了却心里有气："你赚多少钱啦！有资格享受么？嫁了你，这日子就从没自在过，成天为钱操心！"丈夫无端被数落，十分没趣。

丈夫挥金如土的确令当家者心惊肉跳，但做妻子的切忌大吵大闹，更不能在朋友面前当众数落丈夫，这是对丈夫的基本尊重。你可以心平气和地跟他讨论家庭开支，甚至列出他每月的零用钱数量。

一对夫妇要共同生活数十几年，要令婚姻永远幸福，一定要好好地深入对方的灵魂，使双方有更深入的了解。双方相处，如一只鸟儿身上的翅膀，像一辆车子下面的两个大小均等的轮子，并肩向前，缺一不可。

然而，你在态度严肃、措辞坚定的同时，切勿破口大骂对方，或没完没了地数落你对他的不满，因为这样会严重伤害你们之间的感情，也会深深打击他的自尊心。

（2）"我知道你就会这样说。"

有很多话本身并非责难，除非你用的是含沙射影的语气。当你面带挖苦地说"我知道你就会这样说"时，无异于是在用另一种方式骂你的先生是个"笨蛋、蠢人"。美国西雅图葛特曼研究院创建者、《婚姻美满的7条准则》一书的作者、哲学博士约翰·葛特曼认为：轻蔑会加快婚姻的崩溃。离婚最明显的征兆之一往往是无论你丈夫说什么，你都不屑一顾。

较为明智的表达既真诚地考虑到了他的感受，又表明你希望能为解决问题做些什么。对生活中彼此每一点细微之处都试着去体会和沟通，你们的婚姻才会更为牢固。葛特曼建议道："比如他加班要很晚才能回家，那么不妨把他最爱看的电视节目录下来。只有对彼此的目标、焦虑和希望真正有所了解，当要决定重大事件以及出现分歧时，你们才能够更为妥善地共同对待。"

（3）"你令我简直快疯了。"

你得明确是什么在影响着你的情绪，奥尔森博士认为，笼统地否定一切只会令婚姻关系愈加紧张，"特别是解释清楚你生气的理由"极为重要。

你需要强调他的行为带给你的感受，但不要列出一大堆的抱怨和委屈清单。记住：一次只指出一个问题，诸如，"当我想跟你说话而你只顾自己看电视时，真的叫我很难受"。

越早说出自己当时的感受越好。奥尔森博士解释说，"你令我简直快疯了"这句话意味着你的情绪经过长时间的压抑之后已经上升到了一个过激的水平。

（4）"这事你一直就没做对过。"

责备你的另一半的行为不当，你往往会指出做这件事正确和错误的方法。虽然看上去你的方法可能最好，可事实上它常常是带有你主观偏见的。葛特曼博士指出："责难会使夫妻感情疏远。"家庭中两个人要做到相互平等。葛特曼博士举例说，当需要做家务活时，男人们必须抛掉让自己很舒服的想法；而女人也得放弃控制男人完成这件事的过程。"显然，做他的顾问比对他指手画脚效果要好得多。"

不要吝啬对他的感激和肯定之词，这会令他乐于继续坚持下去。幸福的夫妻往往建立在彼此欣赏的基础上，他们会常常互相赞美，哪怕是日常生活中最细枝末节的地方，他们也不会忘记说声谢谢。

（5）"为什么你总是不听我说？"

说你的伴侣总是不听你的，不仅是责备而且还夸大了怨气。毕竟，即使是最不虚心的人对你所说的话也会在意的。美国西雅图华盛顿大学社会学教授、《爱在平等间：如何真正让婚姻平等》一书的作者、哲学博士佩伯·施沃兹指出：使用"总是"或者"从不"这样的字眼，你的丈夫"此刻就不可能和你进行正常的交谈"。同时，这种全盘否定的说法还会把问题的责任全部推到他的身上，而让自己脱离了所有干系。

而以"这对我真的很重要"这句话作为开场，则会为你打开一扇进行建设性对话的大门。施沃兹认为："它会令你有机会说出被他拒绝的话而且提出解决问题的建议。"

在表述你的观点时要冷静。丹佛大学心理学教授、《为婚姻而战：避免离婚并让爱情持久的法则》一书的作者、哲学博士赫沃德·玛克曼认为，通常妻子对丈夫最大的抱怨是他们完全不和你说什么；而丈夫们最一致的看法却是说得太多会引起争执。因此他建议：如果你想让你的丈夫不仅听你说而且更多地和你交流，就要始终做到心平气和。

（6）"说得对，我正是要离开你！"

威胁听上去好像很引人注意，但它们往往很危险，而且不给进一步的交谈留一点余地。施沃兹博士解释说："你的丈夫可能会对你说'再见'或者讥讽你不过是做做样子，而这两种结果都是对你的一种羞辱。"

就算你确实怒气冲天一走了之，你们的关系也不会就此结束，尤其还要牵涉到孩子的问题。

把那些一触即发的冲动放在心里，毕竟你"并不真的想要离开"。在这种情况下，只要夫妻间的关系还没有破裂，说出真实的感受有助于接触到问题的根本。不过，对于大多数婚姻而言，动不动就用离开来进行威胁只能随着时间的推移而变成现实。葛特曼解释说："这就有点像自杀，总是威胁要离婚的人将自己未来的道路一点点逼近绝境。"

（7）"没什么不对。有什么让你觉得不对的？"

回避问题只会让事情更糟。伤口总是会化脓的，你的痛苦会将你们的关系抛向更为混乱的境地，并逐渐深化。

首先，承认有不对劲的地方，即使你并不准备立即谈论此事。这样做有助于消除紧张气氛，并使你们两人处于寻求解决之道的同一条路径

65

上。然后，计划好大家坐下来慎重地谈论双方的问题。

在上床之前解决问题是明智之举。但玛克曼指出，如果双方对某些问题存在严重冲突，那么"在上床前硬要将这些烦心事弄出个所以然就并不恰当"。他建议，暂时将怨气放在一边，直到你找到能够处理问题的时间。在你感到不那么疲惫和劳累的时候，会更容易发现解决问题的方案。

婚姻中难免有摩擦，但彼此一定要学会选择一种温和、不伤感情的言辞来表达自己的意见，一触即发之际，是火上浇油，还是春风化雨，就取决于你的一句话。

不要总盯着他的钱袋子

40 岁的女人总爱盯紧丈夫的钱袋子，这是她们管丈夫的一个"绝招"。她们一方面是担心丈夫大手大脚浪费了钱；另一方面害怕丈夫用钱寻欢，于是她们就选择了这样的招法。大概是因为屡试屡验，她们也就盯得更紧了。男人虽然表面上乖乖就范，暗地里却算计着藏点私房钱，逼急了就大吵大闹，然后再大打出手，酿出了不少家庭悲剧。

40 岁的男人谁没有几个铁哥们儿，谁不认识几个酒肉朋友？吃吃喝喝总是在所难免的，但在女人看来，这就是一桩浪费钱的"大罪"。于是女人就想方设法控制男人口袋里的钱，大多数女人也都会照顾一下丈夫的面子，让他过得去；但也有的女人控制过了头，终致一拍两散。

最近，邻居们都在议论纷纷：三楼的老李竟然把妻子打回了娘家，两人正在办离婚呢！大家都很奇怪，老李平时老实巴交，又惧内，跟他做了这么久邻居，从来没见他对妻子大声过，怎么说离就离呢？其实，两人离婚也不为别的，就是钱给闹出来的。老李的妻子姓秦，为人十分精明，她深信"男人有钱就变坏"，虽然老李人老实，但也架不住别人来勾引他呀！"不怕贼偷，就怕贼惦记！"再说，老李的那些朋友看他老实，保不准就要哄他花钱。因此，秦某一直把钱盯得紧紧地，老李工资发回来就得一分不少地交给她，而老李平时身上的钱只够买两包烟的，老李也曾有过怨言，但却被秦某又哭又闹的给吓退了。这一次，老李的高中好友刘某要来老李所在的城市出差，老李当然得好好招待一番，这可把老李急坏了，怎么办呢？跟秦某要，她是一定不会给的。于是老李联系了一个兼职抄写的工作，忙活了十来天倒也凑了500多块钱，虽然不太多，但也就是个意思。老李小心翼翼地将钱收在了西装暗袋里，自以为神不知，鬼不觉，没想到自己的一举一动根本没有逃过妻子的眼睛。老李与朋友相见后，自有一番亲热。老李将朋友带到一个中型饭店，宾主尽欢。但等到结账时，老李一摸口袋才发现钱竟然不见了，最后还是朋友付的账。老李忍着气回到家后，质问妻子是否拿了钱。秦某一口就承认了，而且还反过来痛骂老李有"小金库"！老李忍无可忍，冲上去就把秦某打了一顿，秦某回娘家后，老李又立刻写了离婚申请书，这回他是铁了心要离了！

其实，死盯着男人的钱袋并不是明智之举，要知道男人有男人的隐私，他们要交际、要迎来送往，他们要食人间烟火，怎可一篙子打倒一船人，认为他们有钱就可能拈花惹草呢？试想一个男人在妻子面前唯唯诺诺，在经济上无权做主，在外面萎靡不振、遇事裹足、左支右绌，那还不如去医院动个手术改做阴阳人了事，也好让医院发点小财，省得男人赚的钱老死闺中。

平心而论，女人实在无须背上这些包袱，养儿育女，男人有责任，留下养家糊口的票子后，剩下的放他一马看他如何！至于担心丈夫变成"花心萝卜"简直如瞎子点灯，合情却不合理。实则男人"花心"与男

人的钱袋并无绝对、必然的关系，何况一个"钱"字也拴不死一个人的心，尽管你看住了他的钱，但他同样可以身在曹营心在汉，这样你也管得了吗？倘若你命运不济，那也是天要下雨娘要嫁人的事情，谁也无可奈何。民间有句话说"好男人不用管，坏男人管不住"，其实很能说明这个问题。

中年男人多半肩挑了事业、工作的重担，在外出差、开会，做妻子的就得严谨地要求自己，别为丈夫过度操心；再说，你操心也白操，如若你丈夫是个贾琏式的主儿，就算你是王熙凤也会鞭长莫及的，又虑之何益呢？控制财权，不让他多带钱出去，这大概还是"男人有钱就变坏"的说法使然吧！事实上此举确非上策，丈夫在外，人在旅途，毕竟"穷家富路"的好，一旦有个头痛脑热或办事不顺，手头窘迫，那个时候求救无门该怎么办呢？

所以，聪明的女人，虽然也紧抓着家中的财政大权，但对男人的"私房钱"却总是睁一只眼，闭一只眼，有时候你还要主动给他零用钱，"受宠若惊"之下还怕他不对你"忠心耿耿"！

三 如果希望掌握永恒，
那你必须控制现在

    40岁女人往往是从容淡定的，即使在面对人情世故这样微妙而复杂的问题时也能够做到掌控自如，不再像无知的少女一样遇到难题就毛躁不安、不知所措。

    优雅的40岁女人往往在自己的圈子中有着较高地位，她们举手投足之间都是众人关注的焦点，她们要不断地完善自己，在尘世俗务中表现超然的境界。

    40岁女人对待人事物，分寸拿捏得要恰到好处，遇事也不能一触即跳，做一个控制生活的自我女人。

做一个了解自己的女人

对于 40 岁女人来说，年龄是一道致命伤。如果不能给自己一个准确的定位，让自己的长处得到很好的发挥，你就很可能会在"而立之年""光荣""退休"。

有一些职业，特别是那些所谓的吃"青春饭"的职业，对于女性的成长提出了很多挑战。随着年龄的增长，40 岁的女性已经没有吃"青春饭"的本钱。特别是成了家，有了孩子，精力和能力都不允许她们再陷入无休止的职场"厮杀"。在她们眼里，继续留在目前的公司，与其说是在等待晋升的机会，倒不如说是一种习惯使然。一些职场女性知道自己在目前的公司干下去也没有多大发展前景，迟早会被新人所替代，但担心年龄不允许自己的心理又使她们不知道该何去何从，于是开始迷惘。

Kinki 就是一例，她做秘书都做了 11 年了，单位也换了七八家，却依然还只是个秘书。众所周知，在国外，秘书是越"老"越吃香的一个职业；然而在国内，基本上还主要是吃"青春饭"，年纪越轻越抢手。为此，她担心不已。

每一个想成功的人，都应该结合自己的特长给自己的职业做一个规划。当面对职业定位困惑的时候，不妨眼界放开阔一些，适时开辟其他战场。这个例子中的 Kinki 就是如此，她受一个朋友的启发，挖掘自己人缘好的特点，做起了买卖。在丈夫的支持和朋友的帮助下，她拿出自己多年攒的"私房钱"，租了个店面，开了一间"品酒吧"，在这里你只要花上 80 元钱，就可以品尝到来自世界各地的美酒。一年过去了，生意居然做得红红火火。

所以，对于 40 岁的女人来说，最重要的就是要了解自己，对自己有一个清醒的认识，知道自己未来想做什么。其次找准目标，选定一个目标，找到一个你最适合最愿意做的职业。已经意识到了危机的存在，接下来就是付诸行动。假如你还没有准备好，那不妨多做一些对未来的各种积累，有意识的积累，才能从容应对未来的各种挑战。多参加一些对未来有帮助的职业培训，自己可以有意识地报考培训班，最好是到一些大型名牌企业任职几年。因为这些企业大多会提供非常正规的培训，对你未来的择业很有帮助。

我们还要弄清楚自己最想要的到底是什么。金钱、富有变化的生活、挑战的刺激还是不断超越自我？然后想想现在的工作能不能给你提供这些物质条件或精神上的感受。如果两者相去甚远，你就应该考虑变换一下工作了。

值得一提的是"40 岁现象"，女人到了 40 岁，在求职时就总会碰到对自己排斥的招聘信息，于是她们开始对自己的年龄感到恐慌，视换工作为畏途。其实"40 岁现象"是毫无道理的，如果你是一个 40 岁的女人，那么就应该重新认识自己，不要被这种怪诞的现象所左右。

首先，你可以先算这样一笔账。一个人从 7 岁上学算起，经过 12 年小学和中学教育，再加上 4 年的大学学习，走上工作岗位已经是 24 岁左右。接着是几年的适应期，然后是 4 ~ 5 年时间的工作经验积累，现在很多人又要再充电——读研、MBA 还要花一两年时间。这样在 30 多岁，才能基本完成学习积累过程，一个人的人生发展方向初见端倪。实际上，这个时候是人走向成熟期的开始，所以并不应该觉得心理恐慌。

其次，把年龄变成一种优势去求职。40 岁的林女士在国有企业做了 9 年的市场销售，由于是大专毕业，总感觉和同事差一截。两年前，

她终于下了决心，辞职去读研究生，现在即将毕业。没想到前一段在找工作时碰到了麻烦，发出了 20 多封信，居然连一次面试的机会都没有，看着比自己小的学弟、学妹都有了着落，心里实在是不平衡。经过向职业顾问咨询，终于认识到原因是自己在如何突出经验、优势方面处理得有问题。对于 40 岁以上的求职者来说，如果仍用刚毕业学生的办法来应聘，成功的机会一定很少，其中最重要的一点是要能很好地突出个人的经验。无论是在简历等求职资料上，还是在面试时都要着重说明这一点。因为 40 岁以上的求职者一般都有着丰富的工作经验。

"扬长"是 40 岁求职的关键，但"避短"也是非常重要的。特别是在应聘岗位选择上。比如曾经有位 40 岁的女士，她在会计专业进修了高级管理，她应聘一个销售经理却没有成功。其实是选择的职位不适合她，因为销售经理主管业务，需要旺盛的精力广泛接触客户，还要有充足的干劲带领团队拓展新业务，因此这更适合一个 25 岁的年轻人拼体力、拼热情，40 岁的人怎么也比不过 25 岁的人。所以，这位女士应选择的是销售总监或财务主管这一类的职业。

40 岁，我们不必恐慌，但是应该重新认识自己，把握自己的长处：有历练，有担当，小有经验，有年轻人的进取却无年轻人的轻浮，这种职业形象是极具蛊惑力的。只要你能如此这般地把握自己，那么，又何愁前路无"知己"？

为自己谋划一个好出路

40 岁的人大多有几次跳槽经历，因为年轻，使跳槽变得很容易，这个工作不顺心就换一个，不喜欢坐办公室就去跑业务……并不是说跳槽不好，因为 40 岁毕竟还年轻，不可能一下子就找到适合自己的工作。我们所要强调的是，跳槽一定要谨慎，要做好必要的准备，否则你也会因此经受到负面的影响。

一位换过三家单位的 40 岁职业人说，跳槽，就意味着你要重新开始，不仅是工作方面，还有你适应新公司、新同事，以及新同事接纳等方面的问题。跳槽的准备工作做得充分，你会获得比预想的还要好的效果。跳槽效果较好的张乐就是一个例子，在公司做了 7 年的她还是没有机会升职，原来以为这次的内部提升非她莫属，可因为一些原因使她又一次失望，于是她决定离开。在去新公司之前，她听从了一位朋友的劝告，给自己放了一段时间的假，让身心得到调整和放松，并利用这段时间对新公司做了全面的了解。休假回来后，充分的心理和身体准备使她不但和同事相处融洽，而且也因此使她的工作更出色。

如果不做准备，毛手毛脚地随便跳槽，那可能就会面临非常被动的局面。在跳槽时当事人要做到当断则断，模棱两可、瞻前顾后的态度是很危险的，这种犹豫不决的态度只会让你悔不当初。李雪 40 岁，她在新旧两家公司之间徘徊，既舍不得原来的公司，又为新公司丰厚的薪金所诱惑，于是在还未从旧公司离开的情况下，就和新公司签了约。可没想到被两家公司都知道了，李雪陷入了两难，不但给旧公司留下了不好的影响，新公司也对她的形象大打折扣。

最近调查显示，最易发生跳槽的五大原因是"发展空间小"、"待遇低"、"学不到东西"、"领导管理不善"和"不能学以致用"。无论跳槽的原因如何，归根结底都是想要寻求一个良好的发展空间，毫无疑问，良好的发展不但意味着工作起来如鱼得水，更意味着可以为自己和家人提供良好的物质保障。这是 40 岁人群在跳槽时最根本的出发点。随着年龄的增长，需要考虑的不仅是自己，他们的背后更有着沉甸甸的家庭责任。在当今社会，女人的工作寿命往往很短，随

着年龄的加大，择业的资本越来越少，如果随便跳槽，她们很有可能找不到合适的工作甚至失业。而处在这一阶段的女人通常已经无法去和二十几岁的人比拼精力，家里多半又新添了小成员，正是最需要经济支持的时候，这一切都成为女人跳槽的原动力，而对待跳槽的问题也就应当格外慎重。

如果一个人在连着两次跳槽失利的情况下，就会产生很大的挫折感，而且这种受挫的心理会被她有意无意地带到工作当中，进而影响她的发展。

为了把跳槽的风险降到最低，40岁女人在跳槽前一定要注意以下两点：一是客观地认识自己。每个人都有自己的优缺点，只看到自己缺点的人，在跳槽择业时就会表现得畏缩，无法为自己争取到最好的条件；只看到自己优点的人，往往流于自负，最后总会为理想与现实的巨大落差而悲观失落。因此，在跳槽之前，应当客观地审视一下自己，给自己做一个准确的定位，这样你就会知道跳槽时，自己要什么、能得到什么。二是找准适合自己的位置。在这一点上一定要注意一种盲从心理，那就是并不是别人做得好的，你也会做得好。相反，别人做不了的，你未必就不行。同一个人在一个岗位上处处碰壁，而在另一个岗位上却事事顺利，关键是所在的位置是否适合自己。

不要轻易就把跳槽说出口，即使你确实具备"跳来跳去"的资本，因为很多时候，跳槽无法根本解决你所遇到的问题，还会使你越跳越被动。跳槽，你真的准备好了吗？

40 岁转行并不太晚

对 40 岁女人来说，转行意味着巨大的挑战和风险，因为你要面对的不仅是新的工作环境，还有新的工作方式和工作内容，也就是说你要一切从头开始；但另一方面，转行也是一个难得的机遇，你可能会找到一条真正适合自己的路，让自己的职业生涯"柳暗花明"。

已过了"而立"之年的你，突然发现现在的工作其实你并不喜欢，这份工作看起来还算稳定，但将来却很难有太大的发展。怎么办呢？40 多岁才开始转行会不会太晚了。

刘慧欣今年 40 岁，从事广告设计工作 9 年多了。最近，刘女士越来越觉得广告设计工作没有太大的发展前景，加上年龄的逐渐增长，对个人职业发展方向产生了迷惑。她一直在问自己是否应该转行，大学里她学的英语专业，没什么特长，若是真要转行必须从现在开始行动。

在做了一番市场调查后的刘女士准备转行做律师，一来工作这么多年一直对法律感兴趣；二来考个律师证相对而言节省时间与金钱。当然还有最最重要的一点，就是律师越老越值钱，再也不会为年龄发愁。然而，真正面对转行时，刘女士又犹豫了："40 岁才预谋转行晚不晚呢？"

调查显示，大多数白领的职业生涯都呈现出这样的轨迹：工作 1 ~ 4 年担任基层职位，5 ~ 6 年任主管，7 ~ 9 年高级经理或总监，10 ~ 12 年副总经理，13 ~ 20 年总经理。这也就是说 40 岁以上的白领普遍担任一定的管理职务。但是最终能够升至企业总监以上高级职务的概率只有 10%，所以，这时许多人感觉在企业内发展空间有限，缺乏工作动力。因此，33 ~ 40 岁这个年龄阶段的有一定事业基础的白领是职场最敏感

的人群，她们渴求事业有大的突破。这时候就面临是换行业还是换岗位的艰难抉择！

（1）准确地认识自己。

不能准确地为自己定位，不清楚自己的各项能力孰强孰弱，只是盲目跟风或跟着感觉转行是绝对不行的。核心竞争力、客户群、个人兴趣、特长、气质、性格样样都要考虑到，当然还要做好足够的心理准备。

（2）对目标行业多做了解。

特别是该行业的前景，毕竟朝阳行业才更有前途，也能给你这位新人更多机会。而且要主动了解，不能仅靠报纸或杂志介绍，俗话说，"隔行如隔山"，最理想的状况是在该行业中有几个内线，随时提供可靠信息，其内容包括升迁制度、薪资状况等各个方面，总之多多益善。

（3）寻求自身与目标行业的共同点。

寻求自己与此行业的共同点，一般来说知识技能、面对客户群、工作模式三方面中有一方面有共同点就比较好转行。

（4）从自身出发选择行业。

一个人的个性对其所从事的行业有很大的导向性。你的个性，是敢于接受挑战和压力的，能适应管理、决策的节奏；一个人从事自己所感兴趣的工作，才能更好地发挥自己的潜力，做出成绩。

对大多数人而言，对未来的困惑和对今日的不满，都源于他们无法用科学的工具对自身择业的问题予以明智而理性的判断，更无法以职业市场的角度和相关行业企业的用人要求为准绳，来客观衡量和把握未来的契机，以及从行业发展的趋势中预测自身的未来方向的可行性。因此，就业的人际关系、企业环境困扰，以及职业回报的短视，往往令自己永远在饭碗不如意和好饭碗难找的两点间恶性循环、难以自拔。

这是非常可悲的，你的职业命运应该掌握在自己的手中，你必须用个性、兴趣和可行的目标来确定是否转行，而不是受限于眼前的利益。

另外，在转行时，有两个错误是千万不能犯的：

第一，不知道什么适合自己，只找最热门的。盲目转行，不管适合不适合自己。职场发展犹如爬树一样，当发现自己所攀援的枝干不够粗或已经腐朽时，往往想到的就是退下来，换一根树枝继续爬。却没有仔细考虑自己能否爬上这根树干，是否已经有太多的人在爬它，这根树干是否已经"超载"了。

最好的例子就是 IT 业。当时在 IT 业最火的时候，许多人也不审视自己是否能在这个行业中立足，就忙着攀高枝，以至于最近两年 IT 业人才过剩，而原来一些由传统行业转过去的缺少足够 IT 技能的人就成了首选淘汰对象，不得不转回自己原先的行业。

转行绝不同于跳槽，跳槽可以为新企业在短时间内创造价值，而转行的人往往需要一段的适应期，卧薪尝胆，而缺少耐心、没有放平心态就使许多转行者半途而废。

在转换行业时，就像另选树干，有一个退下来的过程，在这一过程中，收入的减少和职位的降低很难避免，但只要所选的方向也就是行业正确，这一现象只是暂时的，超越旧有职位与薪水也只是时间问题。反之，如果半途而废，其代价也是惨痛的，因为想要再转回原行业是否还有空缺，或能否获得原来的报酬和地位就很难讲了。

如果你在 40 岁才发现，并不喜欢自己的工作，另一种工作更适合你，那么你就应该勇于改变自己，大胆转行。重视运用经验，又不被经验束缚，积极融入新的工作和环境中去，你会发现，40 岁转行其实并不晚！

40 岁创业，让梦想照亮现实

拥有属于自己的事业，这或许是很多女人年轻时的梦想。是呀，虽然创业意味着挑战、失败，但也意味着成功和财富。试问，有谁不会对成功和财富充满梦想呢？

然而，年轻时的女人，除了一腔创业的激情外，两手空空，一无所有——没有资金、没有经验、没有社会资源……这时，她们往往会动摇自己的信念，直至越来越偏离自己梦想的航线。

等到多年以后，女人靠自己的双手和智慧积累了足够的资金和经验，但创业的激情却早已在不经意间消失得无影无踪，她们常常这样安慰自己："40 岁了，年轻时的梦想未完成，现在想弥补已力不从心，只好安安分分地原地踏步了！"

不可否认，当女人不再年轻时，创业的机会成本巨大。为了创业，她必须放弃已有的地位、权力和报酬。几乎一切都得从头做起，她必须做众多细小的事情，必须忍受创业初期的艰辛和许多的不确定性。一旦创业失败，她所遭受的损失将是巨大的。

每一个人都要为自己所过的生活付出代价。如果你想比大富翁更有钱，你就要准备长期放弃生活的其他乐趣而拼命赚钱；如果你想成为电影明星，你就要准备随时随地面对摄影机而牺牲隐私；如果你想成为女富豪，你就要准备经受创业的艰苦而放弃享受。

当女人 40 岁时，创业会比年轻人面临更大的风险和压力。你不妨参照下面的方法去做，或许这些方法并不是你创业必胜的法宝，但至少也可以让你少走些弯路。

（1）切忌带着负面情绪来创业。

有不少女性是因为在原来的工作岗位上不开心，感到自己没有得到重用，或者感到自己的才华在原先的团体中得不到施展，所以，萌生了自己创业当一把手，自己对自己负责的念头。这种想法可以起到激励自己的作用，但是，有时候却会造成创业者对市场信号反应不敏感，或者用一种赌博心理做出孤注一掷的决策。

（2）给家人留足费用。

当女人40岁时，多半已经成家，上有父母要赡养，下有儿女要抚育，需要一个稳定的经济来源。而自主创业所面临的风险恰恰不能保证经济来源的稳定，而且在创业初期企业有可能在相当长一段时间内处于亏损状态。所以，在创业前，最好能给家人准备足够的存款，以防万一。

（3）慎重选择行业。

常言道："女怕嫁错郎，男怕入错行。"在创业时，选择哪行哪业非常重要，你可以参考以下几点建议：

①不要赶时髦去跟风。不可否认，当女人40岁时，创业稳重有余，冲劲不够，敏感度也往往不如年轻人。因此，创业时不能赶时髦去跟风，而最好选择那些市场空间大并且可以稳定发展的行业。如特色餐饮、教育培训、儿童益智教育，以及关注特殊群体，如老年人、伤残人生活用品及健康服务等。

②不要选择强度较高的项目。随着年龄的增长，女人的体能已经开始下降，而创业不仅需要付出大量的脑力、心力，还需要付出大量的体力。特别在创业初期，各种问题千头万绪，如果没有好的身体，人很容易累倒。所以，创业时，不可以选择强度较高的体力消耗项目。

③要有相关的专业技术或技能作为依托。创业者必须有一定的专业技能和管理能力，从自己所熟悉的行业做起，这样才比较容易进入角

色。如开化妆品店的人必须了解化妆品，懂得化妆美容知识，甚至本人曾经是化妆美容师；开饭店必须有餐饮从业经历等等。

④要结合以往的资源。所谓资源就是你的工作交往渠道和人脉。无论你是在国企还是机关事业单位工作，因工作关系，都会有一定的人员交往和业务联系，这就是你的资源。如你曾是国企销售人员，你就可以从事相同或相近的产品经营或代理；如果你是行政管理人员，那么，你一定具有良好的职业素质，有组织能力和管理能力，你就可以从事技术性不太强的各类中介服务、商务代理等方面的工作；如果你有技术但缺乏资金，你可以与他人合作，以技术入股，但入股前一定要明确股权比例和经营方式。

⑤符合自己喜好或偏好。当女人40岁，个性及生活习性基本定型，创业应尽可能在所喜好的领域中选择项目，这样有利于激发你的创业激情。如你对服装有偏好，那么不妨开一家服装店；如你对饮食有研究，你可以开一家特色小吃店。

（4）兼顾长远与眼前。

在企业的初创阶段，如果生意局面好的话，务必要贯彻"先做强再做大"的理念，稳定、巩固、提高、发展，坚持将事业扩大下去，形成一定的规模，不要看到丰厚的利益后，就贪图安逸，不思进取，要牢记"创业容易守业难"的古训。市场经济，正如逆水行舟，不进则退，如果不图发展，势必被市场所淘汰。

如果开局不利，就需要冷静思考，查找原因，如果确实没有机会扭转，切忌一意孤行，应该及时退出，将损失控制在最小范围。对于50万元以下的创业者，在目前的市场中是丝毫没有竞争力可言的，正所谓"船小好掉头"，此时及时撤资，以免更大的损失。

（5）事事亲为。

有些创业者在生意走上正轨之后，就认为可以高枕无忧了，开始雇用员工，自己当起了"甩手掌柜"。其实，这种做法并不可取，尤其是10万元以下投资的创业者，更应该在自己的事业中发扬艰苦奋斗的作风。投资创业首先就是实现自我雇用，通过自己的投资，使自己的人力资源同生产资料相结合，达到人财物三者一元化。雇用雇员就相当于放弃了自己的人力资本投资收益，这对于资本极小的创业投资者来说，应该是一笔不小的损失。

（6）休息好才能工作好。

尽管待办事项堆积如山，也要强迫自己星期六或星期日休息一天。在这一天里，你要暂时忘记业务，或和家人出游，或看场电影，或做做运动。而且你的家人和顾客也希望你这样做，因为休假使人心情愉悦、精力充沛、容光焕发，工作反而更有效率。

（7）坦然面对失败。

人生不可能一帆风顺，在创业的道路上同样会布满荆棘，但失败后并非就是一无所有了，你拥有的是宝贵的经验。如果能够认真总结的话，这些都将在你未来的人生道路中发挥重要作用，成为未来求职中的砝码。

女人40岁，该经历的经历了，该拥有的拥有了，但是否有时你的心头也会闪过一丝遗憾呢？这一丝遗憾就是自己一直想创业却没去做。那么，女人潇洒地创一次业吧，发挥你的智慧，实现你的梦想，向世人宣告：女人40岁，依然大有可为！即使失败又何妨，毕竟你努力过，为实现自己的梦想拼搏过。

家庭向左，事业向右

对渴望在事业上有所发展的 40 岁女人来说，家庭与事业的矛盾几乎就是难以避免的。女人虽然恋家，但也同样希望用工作来证明自己，因此怎样取舍，协调家庭与事业的关系就成了 40 岁女人必须做好的事。

家庭幸福、事业有成是所有女人的梦想。但时光易逝，岁月的打磨让我们青春不再，特别是中年女人，多数这个年龄段的女性会变得很容易满足，一切以家庭为中心，把目标定位在看好老公、带好孩子上，为此放弃了自己的理想和追求，其实，这本不是我们的初衷和追求的生活。因为生命是短暂的，只有对事业和家庭生活同样重视的女人，才有可能走向事业和家庭兼顾的成功之境。忙碌着的梁弘燕，在自己的工作日程表上永远都有一个特殊的日子，那就是家庭日，即使工作再忙，每个星期天也都是她雷打不动的"家庭日"，如今的她拥有一连串的头衔，但绝非是人们一贯想象的女强人形象。她一面是业绩显赫的总经理，一面又是家里优秀的主妇，她说事业有成需要有家的默默无闻来支持。她这么说也这么做了，多年来她都是很快乐地跳动在高效工作与幸福生活的平衡的支点上，游刃有余。女人，没有理由说是为了家庭而放弃自己的事业，也没有理由说是为了事业而放弃家庭，两者兼得是最好的选择。我们要做家庭的好园丁，营造温馨的亲情。因为，家若是一个充满柔情的温馨花园，女人便是其中最辛勤的园丁。孝敬老人、关爱丈夫、教育子女是每个家庭主妇应尽的责任。选择他做自己的丈夫，同时也就选择了他的家庭、他的事业。和谐相亲的家庭氛围是事业的有力保证。相对来说，事业是女人保持真本色的最好途径，对于女人来说，家庭固然十分重要，但它绝对不是我们生活的全部。因为这是一个竞争的社会，没有竞争力就没有生存的空间，完全依附于男人的女人不仅经济不能独立，而且生活中会迷失自我，只能碌碌无为、平平庸庸地过一辈子。幸福的生活要靠两个人共同去创造，只要问心无愧、尽心尽力地去做事，对家庭尽责任，自己的人生路就已经成功了一半。

对女人来说，拥有一个温暖的家庭，就会拥有一份关怀和一份挚爱；拥有一份快乐的工作，就拥有了一份希望和一份感动。所以，家就好像是我们的左膀，而工作就好像是我们的右臂，只有双翼齐飞才能自由地翱翔在美丽的天空中。

40 岁，让激情持续燃烧

对于已到"不惑"之年的女人来说，成功最大的障碍就是缺少激情，没有激情，你就很难在工作上积极进取，你就会产生"放弃"，产生"过一天算一天"的想法，这样一来你的事业就会走下坡路。因此，你应该对工作保持恒久的激情，这种工作态度会让你的能力得到更好的发挥，让你的事业更上一层楼。

吕楠在某外资公司一直做了 7 年，从基层业务员到销售总监，她对公司的贡献有目共睹。然而，到了 40 岁后，吕楠却明显地有了种焦虑心理：面对迅速翻新的知识和众多后起之秀的挑战，她感到自己真的有些力不从心，她觉得无论是在精力分配和时间的投入上，还是在思维的敏捷性和学习的高效性上，或是在知识的新颖性和适应性上，以及对外界变化的敏感性和快速反应方面，她都不占多少优势了。要停下来歇段时间吗？这些让她很难正确地看待和接纳自己，她并没有意识到，自己

实际上是生活在别人的眼光和社会的标准中。

无论是哪种选择，只要是自己真正想要的，都是适合自己的生活方式。重要的是人生及职业方向要明确，只有这样我们才能获得真正的轻松。

（1）正确看待自己。

从年龄本身来讲，40岁对女性的职业发展并不足以构成挑战。而40岁女性的智力丝毫不逊于年轻的同事。但不管年龄多大，如果你停止了学习，你的智力发展也就停滞不前了。

（2）平衡婚姻、事业。

从伴随年龄而来的各种社会责任来看，40岁的女性确实面临着更多的挑战和压力。相对于年轻女性而言，40岁的职业女性在家庭和事业之间可能面临着更多的冲突——家庭需要照顾，事业需要投入。所以，越来越多的现代职业女性都在努力寻求着事业和家庭的平衡点，希望能够兼顾情感、婚姻、家庭和事业。其实，及早规划自己的生涯发展，合理安排自己的生活节奏，是解决冲突、平衡心态的一个有效方法。

（3）预先做好生涯规划。

40岁的女性面对来自职业和家庭的双重压力，时常会经受双重角色的强烈冲突。譬如，已经到了不得不考虑要孩子的年龄，然而生孩子却意味着你要跟自己的工作、自己的社会角色脱离一段时间，意味着你的发展会停滞一段时间。等你生完孩子回来之后，你可能不再适应自己的工作或者你的位置已经被取代，你的提升可能会延误甚至错过时机，你的老板可能不再欣赏你等等，这种情况下，你到底是"生"还是"升"呢？

你是家中的顶梁柱，需要将更多的精力投注在家庭生活上，而你自己的工作责任和压力也很大，常常需要额外加班。作为既重感情又重事业的现代女性，你感到要兼顾家庭和事业真的好难也好累。类似的问题可能经常发生，我们身陷其中，似乎无法看到出路。但是，如果我们能够及早规划自己的人生，合理安排自己的生活及职业节奏，那问题会好得多。

制定个人的生活和职业发展规划，应该将影响自己的方方面面的因素都尽可能考虑在内。首先，你要分析自己的现状，确定自己在哪里，自己拥有哪些资源；然后，你要确定自己的人生目标，包括事业的、婚姻的、家庭的……在这个过程中，因为你并不是个人在生活，而且你的决定可能会对你的家庭产生重大影响，所以你必须与家庭成员进行充分的沟通，使大家尽量能够达成一致，获取家人的谅解和支持。

确定目标后，你还必须制定出达到目标的时间表和优先顺序，并协调某些目标可能的冲突。

最后，你要找出目标和现状之间的差距，找出可行的解决办法。比如希望能在 45 岁之前成为专业领域内的技术专家，同时你的生活目标是做个好妻子、好母亲。但现实的情况是家庭需要你投入更多的精力，使你无法腾出更多的时间谋求专业上的提升。为了解决这个矛盾，你可以寻求父母的帮助，或请保姆来帮助你减轻生活负担，将节省下来的时间用于工作和学习，同时安排适当的时机与家人相聚。当然，遇到实际问题时这样解决还是有点难度的，但我们也可以寻求专业的职业咨询机构来帮助我们。

另外，在生活中你也应该表现得更积极一点，让自己轻松快乐地过好每一天，这样做也是很有道理的，因为你只有更加热爱生活，才会更加渴望成功，你的生活态度会直接影响到你的工作态度。

每天都要进步一点点

40 岁的你越来越"精明"了，你学会把复杂的工作推给新进的员工，自己只做简单顺手的，这实在不是什么好习惯，老话说得好啊：容易走的都是下坡路。

40 岁的人必须忠实地完成公司委托给自己的任务，切忌挑肥拣瘦。对很多人来说，有许多工作并不是自己喜欢的，也有很多工作并不适合自己的性格。

不过，这个时期与 30 岁所做的工作还是有所区别的。当你在 30 岁时，自己只是公司中的一个最小的职员，所以做的事情也是零七八碎的，而到了 40 岁时，一般都会得到科长或主任之类的头衔，那么这时就可站在一个更高的角度，从一个更广阔的视野来观察问题。

人在 20 岁时总有一段叛逆时期，但是到了 40 岁之后，自己的思想也逐渐趋于成熟，所以人在年轻时要充分地利用时间来发掘、培养自己的潜能，并为自己的将来做好更充分的准备。

现在就业形势日益严峻，在职场拼杀的白领们不敢有一丝的懈怠，唯恐一不小心就"砸"了手中的饭碗。已被划入"老员工"行列的 40 岁白领们，眼见着学弟学妹们揣着硕士、博士学历，意气风发地加入到自己的行列中，不自觉地就会心跳加速、血压上升。

毕业于哈佛大学的美国哲学家詹姆斯说："你应该每一两天做一些你不想做的事。"这是一个永恒不灭的真理，是人生进步的基础和上进的阶梯。有一句名言与这个观点相同："容易走的都是下坡路。"

辩证法里量变质变定律也讲，量变积累到一定程度就会发生质变。

所以，不要奢望个人的进步能够立竿见影，只要每天进步一点点。让自己进步的方法很多，"每天做点困难的事"，就是让自己进步的办法之一。如果你是一位营销人员，但是当众演讲是你最发怵的事情，那就每天强迫自己对着镜子练习讲话；如果你是一位外事人员，但是你恰巧又是一个内向的人，那就每天强迫自己主动与主要的业务伙伴联系，或是打电话，或是相约见面；如果你从中学就讨厌学外语，可是你要想获得在职硕士学位，就不得不硬着头皮，每天强迫自己练习听力、复习语法，再一气做完一套模拟试题……

任何人每天都有难题需要处理。那些最快乐、最成功的人，就是那些一遭遇困难就能迅速应付者。每天给自己出点儿难题，而且坚持不懈，你就会发现自己每天的一点点进步，最终让自己有了长足的进步。

40岁的你应该牢牢记住这一点：即使你已是掌握一定权力的经理、主管，你也应该只把自己当成一名普通员工，没有挑肥拣瘦的余地，只有努力工作的份儿。做到了这一点，你才不会在不知不觉中退步。

定时为自己充电

在竞争激烈的职场上，一纸文凭的有效期是多久？当你必须向别人出示你尘封已久的证书时，是否会怯场，感到没有底气？为了让自己不至于被时代的车轮碾碎，不断充实自己，掌握新知识，淘汰旧知识就成了40岁女人在职场里的生存之道。

或许当你拿到金灿灿的学历时，曾经还是可以傲视群雄的。可劳碌几年后，猛抬头，才发现知识和技能的发展日新月异，学历飞速"贬值"，眼见着学弟学妹们揣着硕士、博士学历，意气风发地加入到自己

的行列中，使自己在诸多方面受到限制，如加薪、升职的机会等，不自觉地就会有种"时不我待"的紧迫感……

是的，在如今藏龙卧虎、新人辈出的职场之中，如果你想单靠原有的一张文凭、一种技能在职场立足已几乎不可能。你必须居安思危，不断充电，学习掌握新知识和新技能，才能让自己"不贬值"，才能让自己在职场中时时拥有竞争力，永远占据一席之地。

纸上得来终觉浅。任何事物的认识都有一个从感性到理性的过程。光从事物的表面看不出事物的本质，要想认识事物必须有一个逐渐深入的过程。同样，在工作中，技能的积累和熟练程度是在不断地摸索中逐渐完善的，若要想在工作中立于不败之地，必须不断地进行技能充电，这就要求一定的实践过程。

一、认识来自实践

"纸上得来终觉浅，绝知此事要躬行"，这两句话阐述了一条非常质朴又很"倔强"的真理：认识来自实践；艰苦的有风险的实践乃是锤炼意志、增长才干、坚定信念的大熔炉；检验对不对、懂不懂的唯一标准只能是实践。

我们既首先肯定人是环境的产物，又强调人是环境的改造者，是主人，这才是辩证的实践观。友爱融洽的环境易于形成善良，威吓严厉的境遇易于导致软弱；民主平等的气氛易于塑造刚正，冷漠孤寂的氛围易于导致粗暴；复杂多变的情况易于塑造稳重，宠信恭维的氛围易于造成任性；成功喜悦的心境易于培养自信，受贬受挫的气氛易于导致自卑；互助切磋的环境易于让人虚心，过于顺利的条件易于产生骄傲；考验不断的环境易于培养机敏，侥幸取胜的进步易于油滑；忧患当头的岁月易于产生远虑，崇尚空谈中易于助长迂阔……

重新塑造自己，首先要坚信：只要改变了行为，就会改变自我感受，继而改变形象。比如你要克服害羞这个毛病，当你吃尽了害羞的苦头之后，决不要再品尝它，而要宣战：多参加集体活动，不要怕处于中心位置；说话尽量把声音放大一点；眼睛要敢于正视对方，这既表示你的礼貌，也表示你的正气与自尊。这样开始时可能不自然，甚至以过分的行为体验当时的感受，但很快就会重建自信。关键是实践了。

实践——不怕曲折、不怕艰苦、不找借口、不贪便宜的实践，是引导成功的最好导师。

二、自我充电

当今世界是信息时代，每天出版的图书、报刊及科学发明创造成千上万，而人不可能一劳永逸，以不变的职业知识结构，去应付万变的职业生活现实。况且，人的知识陈旧率也惊人的高，一个大学生所学的知识，在毕业 10 年后，有用的就仅剩 20%。可见，更新和补充知识是伴随人生全过程的活动。一个职业女性，必须时时地进行自我"充电"，学会不断地掌握新技术来改进和发展自己的职业生活，以保证自己始终在激烈的职业竞争中立于不败之地。

既然我们热爱所从事的职业，希望在这个岗位上工作下去，那么，我们就必须更加勤勉，通过主动自觉地学习，不懈地发展和完善自身素质，其中包括决策、创造、交际能力及分析、评估、综合和归纳事物本质的能力等等。这些基本素质可以使你的工作与你的人生融为一体。

自我"充电"的内容应包括以下几个方面。

第一，加强职业道德修养。也许你并没有认识到这一点：职业道德修养是职业活动的基础，也是自我完善的必由之路。它是从业人员根据职业道德规范的要求，在职业意识、职业情感、职业理想和行为等方面的自我教育、自我培养、自我锻炼和自我改造，它可以提高自己的道德素质，不断克服损人利己思想、雇佣思想和平均主义等旧的职业意识。可以说，职业道德修养的过程，是使自己在职业道路的阶梯上不断攀登的过程。

第二，不断学习科学文化基础知识。在当代科学技术日益成为生产力重要因素的情况下，缺少文化技术知识，不可能成为一个合格的职业女性。即使大学毕业了，有了职称和工作业绩，也只能表明过去。每个人在职业活动中的能力，基本上取决于对高新文化技术知识的掌握和运用程度。

第三，注重提高职业操作技能。任何职业活动都是由一定的职业操作技能联结成的。提高职业操作技能就等于提高了职业活动能力。个人可以通过学徒、实验、参加比赛等形式，不断提高本职业的基本操作技能，并达到较高的熟练程度，顺利地完成本职工作任务。

第四，掌握职业生活技巧。职业生活是一种十分得分的社会现象，任何一种成功的职业活动中，都包含着职业科学艺术成分，如人们怎样进行职业保健，怎样能成才，怎样能排除职业生活中的种种困扰等，都存在方法和技巧问题。懂得技巧就可能使职业生活变得丰富而有活力，否则，就难免走弯路，甚至导致职业生活失败。由此观之，我们不能忽视对职业生活技巧的学习和运用。良好的技巧能够弥补很多缺憾和不足，有助于在理想的职业领域大显身手。

总之，无论是拿出专门时间去深造，还是在工作实践中不断学习，通过基础和后续坚持不懈地努力，都能使那些有心的职场女性不断适应变化的环境，最终拥有纵横职场的能力。

抓住升职的机遇

升职是每个职场中人的渴望与梦想，因为升职就意味着加薪、地位的提高、个人价值的实现……尤其是随着年龄的增长，那些行走职场的女人对升职的渴望会愈加强烈。试想，如果一个女人到了 40 岁，却仍然是一个平凡的小职员，那一定是职场恐龙了。

然而，机会只垂青有准备的人，不要只是等待升职的机会，聪明的女人应该懂得发现机会、捕捉机会，必要时更应主动创造机会，才能实现"生生不息"的梦想，才能从此一览众山小。

（1）主动寻找机会。

职业女性的事业是否成功，人生是否壮丽，在很大程度上要看她能不能赢得和充分利用一次又一次的机会。谁都无法预知机会来自何方，以什么形式出现。有的时候机会从"前门"进来了；有的时候机会从"后窗"进来了；有时机会以本来面目出现了；有时却又打扮成挫折的样子。你必须慧眼识珠，寻找每个机会。

①要有广阔的视野，不要把眼光局限在某一狭小的范围内。

②善于分析，机会往往打扮成问题的面目出现，例如，对某一重要问题的解决本身就为你的升职提供了机会。

③不能仅仅看到目前的问题，还应该发现随问题而来的机会。

（2）学会创造机会。

愚蠢的人丧失机会，软弱的人等待机会，聪明的人把握机会，强大的人创造机会。在可能的情况下，你应该通过自身的努力，创造有利于你升职的机会。

①抓住亲近机会。有些人对上司十分畏惧，以至于跟上司有沟通的心理障碍。畏惧权威的结果，使得上司只好独来独往。其实，在大多数情况下，他都不愿意扮演这样的角色。上司们也是血肉之躯，不希望别人拿他当外星人。所以，你应该主动抓住与上司相遇的机会，比如电梯、餐厅、走廊等，轻松面对，大胆沟通。上司因此也会对你刮目相看，在上司眼中你自然也会比其他躲得远远的人亲近许多。

②主动推销自己。千万不要以为，你的上司会很主动注意你的需

求，会主动为你规划升迁之路。其实，公司中人数众多，上司很难了解和顾及每个人的需求。当有某个职位空缺时，上司往往凭个人的推测，来决定提升谁。这时候，可能被选中的人根本不喜欢做，而很渴望的人却不被注意。因此，你平日最好在上司面前有意无意地提及自己的兴趣和专长，这样对上司和自己均有利。一旦有职位空缺，你也可以"主动"向上司推销自己。

③精彩"秀"自己。公司里通常有这样三类人：第一类，只肯做不愿说；第二类，不肯做只会说；第三类，既肯做又能说。有了数年的职场阅历，哪一类最得上司欢心，没有人不清楚吧？那为什么还要固执地等待上司放下身段，来殷殷垂询你的精辟见解或者光辉业绩呢？要知道，身处人才济济的公司里，仅有踏实苦干还是远远不够的，该"秀"的时候一定不要客气，而且要"秀"得精彩。

④挺身脱颖而出。哪家大公司不是名校毕业生一大把，要成为真正出类拔萃的一个，不是三五年就出得了头的。要尽快脱颖而出，当然得另辟蹊径展示你的与众不同。比如，在大多数人都无所适从的时候，你能够挺身而出为上司排忧解难，化险为夷，这样必然能赢得上司欢心，也较能在同事中被突显出来。要做到这点其实并不困难，只需处处留心、时时在意即可。

（3）努力争取机会。

你若想升职，绝不能一味等待伯乐的上门，而应该争取施展才华的机会。就算伯乐上门相才来了，也要有表现才华的明显迹象作为依据，才能被伯乐看中。

①到升职机会多的单位或者部门。在公司部门的选择上，要选择提拔机会多的部门。比如，宣传部门、科技部门、组织人事部门和经济部门。只要选择了这样的单位或者部门，就找到了升职的良机。而且，上司叫你到地区任职的时候，你最好到人口多、地域广、经济位置重要的

地区任职，这样你在竞争中就会成功。

②选准上司。选准上司对你获得升职是非常重要的条件。事实上，上司是不能由你选择的，可是，你能够创造条件去接近比较理想的上司，疏远不理想的上司。

有几种类型的上司可以供你选择：

第一种是年轻有为、在前程上被众人看好的上司。跟着这种上司干，除了受累以外可能你什么都得不到，可是，一旦上司被提升了，就会为你空出职位，留下升职的良机。

第二种是资历深的上司。上司的权威性和人际关系能够保证你顺利地开展工作，在物质利益方面也会给你带来好处。你还可以从他们那里学到许多宝贵的东西，从而为升职做准备。

第三种是无所作为的上司。他们无视名利，对下属的要求不严。你跟着他们干，好处是不会受累，没有压力。

第四种是道德品质和业务水平糟糕的上司。假如你是一个愿意冒险的人，不妨选择这样的上司，只要时机成熟，马上取而代之。

③做好上司最关心的工作。上司最关心的是关系到全局利益的工作任务。你若能以敏锐的观察力，找到一个时期内上司关心的工作，用你的最大能力把上司最关心的工作做好，那么，不管在业绩上还是与上司的关系上，都能取得事半功倍的效果。

岁月在一天天地流逝，年龄在一点点地增长。岁月不饶人，女人只有懂得并务必捕捉升职的机遇，才能避免遭遇"长江后浪推前浪，前浪死在沙滩上"的悲剧，才能在 40 岁一览众山小，也算作为送给自己 40 岁的礼物，让 40 岁的喜悦冲淡 40 岁的困惑，让 40 岁成为女人成功与幸福的代名词。

做好职场中的年龄减法

信息社会的到来，带给人们的是速度危机。可能你本来在公司是四梁八柱的人物，忽然有一天发现自己被冷落，再观察四周，全都是朝气蓬勃的 20 多岁的年轻人，自己在不经意间已经从当年初入职场的青涩新人，一不小心变成了所谓的"职场老人"。各方面力不从心，心力交瘁，职业倦怠，薪酬瓶颈，如同一个曾经大红大紫的当家花旦，一瞬间变成了扛着小旗跑龙套的，心情跌落到了谷底。40 岁，真的要退居幕后了吗？

更令人沮丧的是，与新人们一起共事，便无法回避"年龄隔阂"的存在：中午吃饭时的短暂休息时间，同事们往往会聚集在一起谈天说地，可惜你总感觉到插不上嘴；周末同事们一起去蹦迪、泡吧、聚餐，也很少邀你同去。很快，你便发现"年龄隔阂"使自己陷入一种孤立的尴尬境地。因此，消除职场的"年龄隔阂"刻不容缓。

（1）摆正心态。

公司里一批又一批新人的到来，会让你感到扑面而来的巨大压力，难免会产生一定的抵触情绪，从而有碍同事关系的和谐。要知道，企业要想不断发展和延续，就必须吸纳新人。新鲜血液的注入，可以使企业充满活力，也可以激发职场老将的竞争意识，造成"鲇鱼效应"。因此，你要摆正自己的心态，树立整体观念。在与新人的竞争中，既要有赢的信心，也要有输的准备，就算竞争失利也不必气馁。能够承受别人比你强，才是一个成熟的职业人。千万不能因为多了一个强有力的竞争对手而心慌意乱，那样只会给自己带来更多的困扰。

（2）积极应对。

"职场老人"们最大的劣势就是知识老化，面对朝气蓬勃的新人，你应该有适当的危机感，并且把这种危机感转化为学习充电的动力，以使自己的知识面和职业技能"保鲜"。这种危机感不是盲目的恐慌和嫉妒，而要积极地应对压力，像伐木工人一样不时磨磨自己的斧子。新人看到你面对压力学习充电，自然也会对你刮目相看。

（3）不要"倚老卖老"。

很多"职场老人"都算得上是公司的元老级人物了，所以，自然而然有一种强烈的优越感，认为自己在公司的作用至关重要，理应得到公司特殊的优待和特别的尊重，尤其是那些刚来的新同事更应该对自己礼让三分。这是一种非常典型的"倚老卖老"的心态。在职场中，这其实是行不通的，你如果每天都抱着"我是元老我怕谁"的思想来与同事相处，时间长了难免会让人生厌，给人留下过分傲慢、盛气凌人的不良印象。这对于你来说是十分不利的，所以，要彻底除去这种心态。

（4）主动帮助新人。

"职场老人"经验丰富、对环境熟悉、人际关系广，工作起来自然轻车熟路，所以，在工作中，应该起到"传帮带"的作用，以指导和帮助新人尽快适应工作。这样不仅能使新人尽快提高工作效率，对你产生信任，也能巩固和提高自身的职场地位。但是，应注意一点，在做好"传帮带"的同时，注意给新人一些独立的空间，否则，新人很可能会认为你这是在炫耀。

（5）学会引导新人。

年轻人大多追求个性，做事未免情绪化，这时候，作为"职场老人"的你不应该一味地对其批评，而应以引导、激励为主。新人初来乍到，如有一些不懂规矩的地方，除了委婉指出，你还应学会宽容。时间一长，新人也会明白你的一片苦心，必定加倍努力工作，并对你心存

感激。万一遇到有些新人因年轻气盛，不服"管束"，对你报以恶意或带有挑衅的言行，要尽量以委婉又不卑不亢的态度化解，避免与之正面冲突，这样可以显示出你的大家风范以及处理突发事件的应变能力。反之，大发雷霆的结果只会把事情弄得更糟，不仅解决不了问题，而且会给人留下"暴脾气、不好相处"的印象。

（6）加强与新人的沟通。

职场上没有永远的敌人，只有永远的榜样。所以，"职场老人"应该主动与新人沟通磨合，这不仅能给对方留下平易近人好处事的良好印象，而且也能使自己很快地融入他们当中，清醒地意识到自己的不足，学习自己所欠缺的东西。作为职场新人的年轻一代，与生俱来的种种特性使他们时刻走在社会潮流的前沿，如果"职场老人"不主动与新人接触交流，就等于把自己推进了落伍的旋涡。

（7）多与新人一起活动。

俗话说"趣味相投"，只有共同的爱好、兴趣才能让人走到一起。对于现代的职场女性而言，一般都有可观的收入，加上乐于享受生活，所以，在闲暇之时，她们喜欢去郊游、烧烤、蹦迪、泡吧，娱乐生活丰富多彩。为了融入新人的精神团队，你不妨试着让自己去接受他们的一些爱好和兴趣，邀他们一起行动。这不仅能让你获得更多的快乐和放松，缓解内心的压力，更有助于培养和谐的人际关系，从而在工作上"配置"得更好。

（8）只对工作不对人。

每个人都有自己的喜恶，但切记勿将自己的喜恶带入职场。新人可能都很有个性，有自己独特的眼光，当他们穿着翠绿的衬衣、橘红色的裤子，头发烫成金黄色，还戴着宝蓝色的蝙蝠形眼镜，像个精力旺盛的孔雀从你身边走过时，也许他们过于"前卫"的衣着打扮或是"开放"的言谈举止不是你所喜欢的，甚至为你所讨厌，你可以保持沉默，但不要去妄加评论，更不能以此为界，划分同类和异己。你最好能多点"兼容"，这样才能赢得他们对你的尊重和支持。相反，要是为此而惹恼他们，那你会树敌过多，以后的处境就大大不妙了。

人说 3 岁一代沟，女人 40 岁，与刚入职场的年轻人至少也有 3 个代沟。职场的"年龄隔阂"有时也是一个很大的问题。但是既然能有缘共事，而我们 40 岁的女人又是"职场老人"，处理好与新人的关系，形成良好的团队关系，这对于个人发展、企业发展都是有很大好处的。成熟而理性的 40 岁女人要想畅游在职场，吸取新人的活力与创新力，突破原有思维局限，有利于"职场老人"事业的广阔发展。

职场中的"女人味"

一提到职场，所有古板的规则就浮现在人们的脑海中。似乎女人一踏入职场，就应该把性别差异一脚踢开。似乎在职场里凸显女人味，是一种懦弱的表现。但是现实却是，让职场有女人味却可以更容易成功、更容易取得成就。

40 岁女人如水般充满柔情，在职场里女人要懂得示弱，貌似天真，才能获得别人的帮助，如果你看上去咄咄逼人，别人心里早有戒备，那你就寸步难行了。

女人味既可以是策略上的示弱，以柔克刚，使自己占据主动，也可以是技巧性地回避矛盾，解决问题的方式，会使自己养成逐渐成熟的职业习惯。

在男性终究强势的职场上，女人想要打下一片江山，必须学会运用"女人味"，必须表现得比男性更精彩才能出人头地。因为女人通常很

少参加男性的社交应酬，很少和他们一起举杯狂欢，一起胡侃足彩，很少和他们一起讨论美伊局势，也很少和他们一起谈论美眉。

甜美的笑容，得体的装扮，娇嫩的嗓音，温柔的气质……这些都是女性独特的"味道"。现代女性不应再扮演冰山美人，板着脸孔坚决维护"男女授受不亲"的古训，反而应该善用"女人味"，在自己的周围营造一种和谐的工作气氛，并凭借自身的实力和才干，用女性的魅力包装自己，以寻求出人头地的机会。不过这里说的是"女人味"，不是教你脑袋空空做"花瓶"，以美色迷惑男人，更不是要你穿迷你裙、露大腿勾引上司，什么成绩都没有，光凭色相获得高薪，那只能被别人所不齿。

女人味是一种优雅的魅力，能让女人在追求事业的时候获益良多。只要有魅力，即使不是美女，依然有着动人的"女色"。

比如一位会使用"我错了"的女经理，无论对下属或是上司，她一定能比一位开口必是"你错了"的女经理更能被别人接受，更加游刃有余。当争端出现，"你错了"就意味着孰是孰非的辩论姿态，而"我错了"发送的是求和的信号。争强与示弱，会导致两种截然不同的结局。

公司同事可以是你传递"女人味"的媒介，而现代的一些科技手段也可以为你所用：比如 MSN、QQ、公司内部 BBS 等。传递"女人味"不是要你有事没事和男人打情骂俏，而是要你保持亲和力，脸上时时带着笑容，让男同事了解你、欣赏你的魅力。

女人具有温柔的先天特质，女人柔弱的特质，在男人眼中绝对是优点，而且也是督促他们努力表现的最佳动力。当你和办公室的男士意见不统一时，先别争吵得脸红脖子粗，应该保持风度，维持笑容，气定神闲，甚至可以摆出一副低姿态来促成僵局得到有效化解。大部分男人都是吃软不吃硬的，当你摆出愿意妥协的姿态时，他往往会先被你所软化，妥协得比你还彻底。后发制人也未尝不是一个好办法。

女人要建立个人的工作风格，是不要太男性化——冷酷、倔强、果断，也不应太女性化——软弱、情绪化、被动、犹豫不决。许多男人都认为女性不懂得控制自己的眼泪和情绪，因而所做的决定是不值得信任的。如果你想大哭，你最好找个没有人的地方发泄一下内心的郁闷。若能在适当的时候、适当的男性面前运用"泪弹"，也未尝不是一个好办法，含泪欲滴，低声哭诉，或许更能博取同情，达到自己的目的。

当你的身心不堪重负，悲伤、恐惧的时候，请务必学会自我调节。调节自己的心态，你可以向父母撒娇，你可以向老公或男人撒娇，但生活不容许你的撒娇。要学会控制情绪和眼泪，勇敢面对失败和压力，只有这样，才能赢得男人的尊敬和同事的认可，为自己赢得那片晴朗广阔的天地。

女人并不是天生感性的动物，她们完全可以像男人一样理智。一个能恰到好处展示自己威严的 40 岁女人，会让人觉得既亲近又不可侵犯。她们善于在众人面前喜怒不形于色，摆出能驾驭所有人的气概。这样的女人既有女人的独特魅力，又有男人游刃于职场的气概，事业成功近在眼前。

与同事交往的学问

传统的人际关系，总是在告诉你如何与人保持距离，警告你千万不要发展办公室友谊，并交给你在办公室内如何步步为营、巧计暗施、克敌制胜。可静下来想，你与他，与他们，你每天用三分之一的时间与之相处的同事，真的就应该保持一定的距离吗？

在我们的工作环境里，建立良好的人际关系，得到大家的尊重，无疑对自己的生存和发展有着极大的帮助；而且有一个愉快的工作氛围，可以使我们忘记工作的单调和疲倦，也使我们对生活能有一个美好的心态。遗憾的是，我们常常听到不少职业女性对怎样处理好办公室里的人际关系感到棘手，抱怨甚多。

因此，在与同事相处时应做到以下几点：

（1）有意见最好直接向上司陈述。

在工作过程中，每个人考虑问题的角度和处理问题的方式难免有差异，上司所做出的一些决定可能让你有看法，在心里有意见，甚至变为满腔的牢骚。在这些情况下，切不可到处宣泄，否则经过几个人的传话，即使你说的是事实也会变调变味。待上司听到了，便成了让他生气和难堪的话了。如此他难免会对你产生不好的印象，如果你经常这样，那么你就是再努力工作，做出了不错的成绩，也很难得到上司的赏识。

所以，最好的方法就是在恰当的时候直接找上司，向其表达你的意见。作为上司，他感受到你的尊重和信任，对你也会多些信任，这比你处处发牢骚要好多了。

（2）简单"让利"，放眼将来。

有些人与同事的关系不好，是因为过于计较自己的利益，总是去争求各种"好处"，时间长了难免惹起同事们的反感，无法得到大家的尊重，而且这种人总在有意或无意之中伤害同事，最后使自己变得孤立。而事实上，这些东西未必能带给你多少好处，反而会弄得你身心疲惫，使你失去良好的人际关系，可谓得不偿失。如果对那些细小的又不影响自己前程的好处，多一些谦让，比如单位里分东西不够时少分些，一些荣誉称号多让给即将退休的老同事，与其他人共同分享一笔奖金或是一项殊荣等等。这种豁达的处世态度无疑会赢得人们的好感，也会增添你的人格魅力，同时会为你带来更多的"回报"，俗语所说的"吃小亏占大便宜"从一定程度上说明了这个道理。

（3）替人着想。

同事是与自己一起工作的人，与同事相处得如何，直接关系到自己的工作、事业的进步与发展。如果同事之间关系融洽、和谐，人们就会感到心情愉快，有利于工作的顺利进行，从而促进事业的发展。反之，同事关系紧张，相互拆台，经常发生摩擦，就会影响正常的工作和生活，阻碍事业的正常发展。要搞好同事关系，就要学会从其他的角度来考虑问题，善于做出适当的自我牺牲。要处处替他人着想，切忌以自我为中心。

我们在做一项工作时，经常要与人合作，在取得成绩之后，我们也要让大家共同分享功劳，切忌处处表现自己，将大家的成果占为己有。提供给他人机会，帮助其实现生活目标，对于处理好人际关系是至关重要的。

替他人着想应表现在当他人遭到困难挫折时，伸出援助之手，给予帮助。良好的人际关系往往是双向互利的，你给别人种种关心和帮助，当你自己遇到困难的时候也会得到相应回报。

（4）低调处理内部矛盾。

在长时间的工作过程中，与同事产生一些小矛盾是很正常的，不过在处理这些矛盾的时候要注意方法，避免让你们之间的矛盾公开激化。不要表现出盛气凌人的样子，非要和同事做个了断、分个胜负，退一步讲，就算你有理，要是你得理不饶人的话，同事也会对你敬而远之的，觉得你是个不给同事留余地、不给他人面子的人，会在心里怨恨你，使你在迈向成功的路途中多了几道坎坷。

只要你以真诚的态度注意从以上几个方面去努力实践，同时保持正义感，那么做个让人喜欢的好同事，得到一个好人缘会是一件很简单的

事情，工作便也成了一件让人快乐的事了。

办公室里同事之间的交往是门大学问，要注意改善与同事的人际关系。不要花太多精力在杂事上，要取长补短，弥补自己的不足。不要自高自大，也不要天天抱怨，要承认自己的不足，适度检讨自己，并不会使人看轻你。在与同事的交流中，要谦虚、友好地对待每个人。

六招让你成为职场明星

40岁的女人，你一定渴望自己在工作上有突出表现，受老板青睐，成为一个不折不扣的职场明星。光是有渴望是无济于事的，你还必须能够提升自己，增加自己的附加值，这样才能在激烈的职场竞争中胜出。

以下就是提升自己的具体做法：

（1）做事一定要有序。

有秩序的生活会使你每天头脑清醒、心情舒畅。每天下班前整理好办公桌，定期清理电脑中的文件和电子邮件都是必要的。光是看见桌上堆满了报告、备忘录和要回的信就已足以让你产生混乱、紧张和忧虑的情绪。

另外，一个从容的早晨，一顿丰富的早餐也许就决定了你一天的心情和工作效率。如果行色匆匆、饥肠辘辘地赶去上班，那样会让她一天都没有好心情。

（2）注意收集相关信息。

随时注意与你的公司或是产业相关的新闻消息或是经济数据，更不要忽略了国际新闻。可以将你认为重要的信息、最新的趋势或是热门的信息用电子邮件传给老板、同事，或是外部合作伙伴参考。

（3）对公司的财务要有基本了解。

即使你只是一位基层的员工，对于与企业经营相关的财务知识也要有基本的了解，如成本的计算以及获利等，然后想想如何在自己的工作范围内，帮助公司节省成本、增加营业收入。例如变动工作的流程或是某个产品设计等，只要小小的改变，就能有显著的效果。

（4）每天至少完成一件重要的事。

我们常觉得好像什么事也没做，一天就这样过去了。其实，每天只要选择一件你认为最重要，而且有可能在今天做完的事情，无论如何你一定要在下班前完成这项工作。这样不仅能带给自己成就感，更能有效地管理时间。

（5）做事一定要有时间观念。

如果有人给你 8.64 万元，告诉你必须在以后 24 小时用这些钱去投资，凡是你没有在 24 小时内投资的钱你都要还给他，你会多快去投资？你知道如果你浪费了，你就赚不到 1 块钱，对不对？

时间也一样。每一天你都有 86 400 秒，可以做你想做的。做了不明智的投资，你就会永远输掉时间了，你不可能得到额外的、更多的时间——你只能更有效率地利用时间。

人到了 40 岁，已经开始意识到时间的有限，更加感到时间的宝贵。到这时那些渴望成功的人，就不会再无端地浪费宝贵的时间。他们总是全心全意地去做应该做的事情，而不是去做白日梦，一个问题决定好后，立即付诸实行。如果你想获得成功，就应该和他们一样，不再空耗时间。每天起床后，你应立即把脑筋用在工作方面。如果你能够每天利用这一头脑最清醒的时候，安排当天的工作，只凭这一点，你便能够把缺乏计划性的同事抛在后面了。对于类似的工作，你应一起做完，因为脑子的节奏一旦发动，便能加速进行，所以让它工作下去，乃是上策。你还可以充分利用"等待"的时间，如等待上级的决定，等待顾客的

来临，等车、等人等等。你可以把这些等待时间转变为有益的时间，只是事先要做些必要的准备，对于要考虑和等待解决的问题就能做到心中有数。如此，你便可以腾出一些大块的时间，集中精力做些重要的事情。

（6）精通本职业务。

40岁女人，大都已经从事某种行业，对于你所从事的职业，已经做到心中有数。但无论如何你不能因此而满足，从此停步不前。不然，你将很快被新人所超过。你应不失时机地继续学习新的知识，用以弥补自己的不足。对于已经掌握的知识和操作技巧，你也应该牢记于心，熟练运用，以至精益求精，进而不断积累经验，指导今后。

40岁，你更应该学着对自己负责，不断增加自己的附加值，你的筹码越重，在天平的那一端你所能获得的东西就越多。

40岁女人的职场修炼方法

"我能坐稳现在的位子吗？"每个职场中人都在这样问自己。在现代职场里，资历已经没用处了。对40岁的职业人群来说，想要在公司中站稳脚跟，保住辛苦得来的一切，就要在平时不断自我修炼，提高自己的"含金量"，这样才能使自己稳如泰山。

那么40岁的职场女人应该从哪些方面修炼自己呢？

（1）对上司多进言、多听从。

对于积极进取、言听计从的员工，任何一个老板都难以"忍痛割爱"。如果你自问工作并不那么积极，担心被老板划入"无用"之列，则听听香港人力资源协会发言人的指导："即使平日惯于偷懒，在表现评估前一两个月都要扮积极，向老板汇报自己的进修情况，谈谈帮助公司发展的计划，与公司的重要人物拉拉关系，希望在讨论裁员之时，请他们帮你说上几句话。立体声总比单声道好嘛！"不要浪费时间去猜测老板的心思，你一辈子也猜不透的。多数老板喜欢以自己为中心，最喜欢听自己讲话，你只不时地用"好的"、"是"等音节来回应他，就可以令老板相信你。白痴才会真的向老板提意见，古今圣贤，都不喜欢对方批评自己，更何况老板，他花了钱请你来对其说三道四，这样，他会开心吗？

（2）做工作多面手。

有些专业人士，自以为学历高，拿着洋文凭，就能身价百倍，一生不愁衣食，一旦被裁，就像突然掉进汪洋大海，捞不到一根救命草。这些专业人士之所以被裁，原因往往是她们只"专"于某一方面，未能成为公司工作的多面手。因此，老板在裁员之后，往往叫其他职工兼任离职人员的工作，如果你是多面手，上天能飞，入水能潜，老板绝对不会炒你的鱿鱼。职业咨询专家认为，对公司最有价值的"多面手"型的员工，如果想"立于不炒之地"，就必须学习、学习、再学习。当会计的不妨学学行政管理，最好还懂法律，令自己成为多面手，如果自以为是专业人士，抱残守缺，不思进取，老板随时可以用一半的价钱雇用同等的"专业"人士顶替你的工作。"多面手"最大的特点是学习能力强。你应确保你的知识和技能是最新的，这需要你在百忙之余，经常学习新的知识，如果你所在的单位提供某种培训，一定得参加。

（3）"拥兵自重"保平安。

这并不是说，离开你公司就开不成了，而是说离开了你，公司会出现不良的运转。这时老板就不能不考虑到裁掉了你可能得不偿失。在裁员风波中，有些人认为公司无理解聘，自己当街叫屈。毫无疑问，这些人多半是没有加入群体的游离分子。所谓埋堆，其实是参加一个无形的

小集团，平日一起逛街、去 KTV，有钱一起花，有事一起帮。同事之间，更盛行"埋堆"，从地盘工人到娱乐圈红星，都自动结合成一个个小圈子，大有"一损俱损，一荣俱荣"之势。既然游离分子被裁的可能性较大，所以打工专家传授一个招数，叫作"拥兵自卫"。如果你有较好的资历，或者"人缘"甚好，不妨招兵买马，大量吸收游离分子，以巩固自己在公司的地位，此招对于一些与营业额挂钩，或者讲究"班底"的行业，诸如酒店业、保险业，这招尤其奏效。从公司的角度看，主管和 HR 部门一般会考虑你的去留给公司造成的影响。有两种情况，一是部门将因为你的离去而受损，部门领导就会谨慎；二是你的主管和工作搭档根本就不在意你的离去，那就凶多吉少。

（4）紧跟公司发展。

如果你是搞销售的，就应考虑成为核心销售人员。如果手上掌握有不同领域和重量级客户名单，这将使你非常不容易因为公司业务收缩而被裁掉。即使你所服务的公司倒闭，在重新就业时，你也可以很容易找到新的发挥你销售专长的工作岗位，道理很浅显，在经济整体环境不景气的情况下，销售的重要性越发显得突出。如果你是技术人员，就应紧跟企业发展，提高业务能力。如果你所在的企业宣布进军电子商务，你要非常清楚这些将对你产生何种影响，现在 IT 业的裁员经常是一个部门因为业务调整而被整个端掉。要想坐稳你现在的位置，就必须未雨绸缪，事先察觉公司的战略变化，提高业务能力，使自己能够承担除现在本职工作以外的其他工作。

（5）让自己做最"有用"的人。

公司要减员，老板考虑的大前提是：用最少的人力维持正常运转。所以，很多公司会将简单、重复性的工作岗位裁掉，由其他职工兼管。工作任务简单、有可能被裁掉的员工，如果想保住自己的饭碗，不妨试用"化简为繁"的招数。其实工作的简单与繁复，有时可以"因人而异"，例如将档案输入电脑，可以很简单，也可以搞得十分复杂，关键在于操作者怎样去处理。

40 岁的李女士在一家大型公司做计划执行员，每天要处理上百位外国与会人士、演讲者的登记，她成功地建立了一套复杂的资料库系统，全公司只有她才能运用这个系统。所以，老板要维持公司的正常运作，就必须继续雇用她不可，对于裁员，她是临危不惧。

但一般来说，这一招只适用于小公司，大公司分工较细，切勿乱试，如果搞得电脑系统乱七八糟，老板会即时解雇你，另请新人来从头做起。

以上种种修炼都是为了达到这样一个目的：找到自己存在的理由，让自己工作得更加扬眉吐气，那么，你是一个在公司中必不可少的人还是可有可无的人呢？问问你自己！

抛弃女人的科技冷漠感

一些 40 岁女性往往对科技怀有冷漠感，不愿意尝试新鲜事物，这确实是女性成功的一大阻碍。电脑、数据机、电子邮件及网络给我们的工作带来了很多便利，如果不能熟练运用这些新科技，那么你就无法与潮流接轨，你就会成为一个落伍的人。

根据美国乔治亚理工学院的一项调查显示，使用网络的美国女性为 17%，欧洲女性的上网比例则为 7%。美国电子商务协盟与尼尔森的数据显示，男性占了网络使用者的 67%，实际上同时间的比例更高达 77%，也就是男性上网的次数比女性高得多。而在中国情况也是如此。

科技为工作者带来莫大效益，你可以选择在家工作，多一些时间陪

107

孩子，或更妥善地分配时间。对女性企业家而言，科技更带来前所未有的自由。然而，倘若女性不能拥抱科技，就会被远远抛在后头，只能捡新一代的"女性"不要的工作做。这个假想，可能令某些人心惊胆战，但确是不争的事实。不过，请记住，我们都在学习冒险。我们正在寻求别人的支持与指点，以便迈向成功之路，所以，我们也正在学习拥抱科技所需的技能与工具。我们可以组织各种研讨会进行专业授课。也许参与者在刚开始学电脑时，脸上充满惊恐。可是只要方法得当，她们就会沉迷于此，不想过早结束。她们愿意冒险来参加这项课程，然后有人让她们体会拥抱科技的优越感。一旦克服恐惧，她们便迫不及待，想学更多。

许多女性在建立起自信前，都不希望在初学科技技能的过程中有男性参加。有些女性在男女混合的环境下，觉得备感压力或受到威胁。安德恩·曼德尔在《男人如何思考》一书中说，男性如果看到一个按钮，就忍不住要按一下看看会怎么样；相对地，许多女性却会担心因为按错键而弄坏电脑。男性会勇于尝试，女性则希望有人指引。

在资讯科技发达的世界里，组织是平行的，而非叠床架屋的阶层制度。这意味着女性擅长的技能，如沟通、解决问题、维持良好关系，将变得非常有价值。女性可以向别人伸出双臂，在团队合作的环境下与人有效地合作。

毋庸讳言，在对待科技这个问题上，男性和女性是有着不少的先天差异的。一般来说，男性与女性使用科技的方式就有所差异。科技经常脱不掉男性观点。早期的个人电脑使用复杂、应用以数学程式为主的软件；然而，随着个人电脑的使用日趋简易，以及图像与滑鼠标的操作方式，使得用电脑的女性人数大增，网际网络也是一样。

一位女性上网时，表明自己是女性，她讲话的时间如果超过20%，男性使用者就觉得她说得太多了。但如果她以"男性身份"上网，她则能更自在地发言。由于网络是一个匿名环境，有些女性选择使用男性身份，以便"大声说话"。这或许也是不必冒险就能练习自信发言的好办法。经常上网的女性，也会较常问问题，她们更有自信，也不畏惧发言。

有时候，观察男女在运用科技方面的巨大差别，实在是饶有趣味。但是要再次强调的是，这些差别，绝大部分是跟性别角色有关，而非实际性别。较倾向男性特质的男性或女性，往往都是科技迷。他们会读关于电脑或网际网络的杂志，逛电脑商场的也是他们，在电脑上玩游戏的人，更是绝大多数都是男性。男性经常拿个人电脑当工具或玩游戏，而女性则喜欢用电脑上的电子邮件或网络来沟通与获取资讯。

高科技公司，本身往往就是女性工作的理想地点。这类公司的阶层制度较不明显，也较少有所谓的哥儿们、人际关系网，提供许多机会供人撰写、设计或行销软件与开发互动式电视。拥抱科技永不嫌迟，这些都是典型的"女性行业"。赶快去找个人吧，让他为你指点迷津，拉近与电脑的距离。

科技的缺点之一，正在于当初设计的目的是为了生活更有弹性，但实际中似乎有背道而驰的倾向。这将会随着我们努力均衡生活而影响更大。传统的工作时间是朝九晚五。现在，如果你觉得自己是夜猫子，晚上 11 点再开始工作也无妨。你从早到晚都可能收到语音留言，午夜后可以发国际传真，然后在凌晨 4 点进行三方通话会议。这不是一件很奇妙的事吗？你永远要随叫随到，所以，要在工作与家庭间划清时间界线也会愈来愈难。

英国电脑学会的研究发现，资讯科技业对女性最大的吸引力在于能有弹性安排工作、中断工作，以及有上训练与生涯发展管理课程的机会。然而，该学会会长亚伦·罗素补充说，英国女性只占了主修电脑人数的 11%，远低于美国的 45% 与新加坡的 56%。有趣的是，英国的这

11% 的女性是 20 世纪 80 年代中期出生者的一半。这显示，我们应该多多鼓励年轻女性学习科技技能。而且随着事业的发展，女性也必须不断提升自己的经验。

40 岁的女性仍然有很强的学习能力，因此不要以年龄为借口拒绝提升自己的职业技能，你应该怎么做呢？你可以请同事教你使用电脑，公司如果有电脑培训的名额你要尽力争取，没有这样的机会也不要紧，你可以自掏腰包去报补习班，这种投资绝对不会让你吃亏。

四　话要说到位，事要留余地

　　40的女人，交际的圈子往往不再是单单的朋友与家庭，她往往要面对的是更多的事业上的伙伴。而当今在这个越来越以礼仪与礼貌作为交际标准的社会，40岁女人只有适当运用得体的语言、优雅的举止来表现自己，展现自己的独特个性魅力，这样才能做到在自己的圈子里如鱼得水的应酬自如。人都是自尊且自强的，切不可为了一时的口舌之快，得罪了你周遭的人，作为40岁成熟女性的你更是要时刻注意。

如沐春风般的谈话

40岁的女人应该有属于自己的说话风格。这种风格要根据自己的特质，彰显自己的个性，并且最大限度地发挥它。开朗的女性会用干练的语言树立形象；温柔的女性能用文静的低语打动他人心扉；博学的女性使用智慧的话语彰显气质……所有这些，都是女人具有自身性格特点的说话风格。

而无论是哪种风格，都要用友善的态度，有首歌唱得好：只要人人都献出一点爱，世界将变成美好的人间。

温和、友善的态度对于改变一个人的心念，往往比咆哮和猛烈的攻击更为奏效。因为在友善的交谈中，你可以发现，任何事情都没有想象的那么难以应付。

有时候，一些难以应付的人或事，会在友善的话语中变得温和起来。

不管在哪一种情况下，创造与保持友善信任的说话氛围都会易于交流思想，对事物的看法就易于达成一致，行为也容易协调。比如，如果先肯定优点，再谈出现的问题，就有利于减少对方的抵触与反感了。进而使其感受到你的善意，气氛和谐，从而便于冷静地接受你的意见。

温和、友善的态度更能让人改变心意。亲和的态度，容易消减人与人之间的隔膜。

玛丽·凯公司是一家知名的化妆品公司。为了扩大自己公司产品的影响，玛丽·凯女士自己用的化妆品都是自己公司生产的。她也不建议公司职员使用其他公司的化妆品。因为她不能理解凯迪拉克轿车的推销员开着福特轿车四处游说、人寿保险公司的经理自己不参加保险。那么，她是怎样同职员交流这一想法的呢？

有一次，她发现一位经理正在使用另外一家公司生产的粉盒及唇膏。她借机走到那位经理桌旁，微笑地说道："上帝，你在干吗？你不会是在公司里使用其他公司的产品吧？"她的口气十分轻松，脸上洋溢着微笑。那位经理的脸微微地红了。几天后，玛丽·凯送给那位经理一套公司的口红和眼影膏并对她说："如果在使用过程中觉得有什么不适，欢迎你及时地告诉我。先谢谢你了。"再后来，公司所有的新老员工都有了一整套本公司生产的适合自己的化妆品和护肤品。玛丽·凯女士亲自做了详细的示范。她还告诉员工，以后员工在购买公司的化妆品时可以打折。

玛丽·凯亲和的态度，友善的口语表达，使她自然地与员工打成一片，成功地灌输了她正确的经营理念。

就是这样，友善和亲和是人们说话时一种最有效的态度。这种方式的优点易于消减人与人之间的隔膜，进而使传达者有效地把自己的思想传递给被传达者。

我们可以把友善比作盛装佳肴的器具，而把我们所要表达给别人的思想比作佳肴。如果这器具是脏兮兮且令人讨厌的，恐怕也不会有人愿意品尝盛在其中的佳肴。

在谈话的过程中，除了态度的友善之外，适当地对聊天者给予赞美也是很重要的。大多数人天生就渴望赞美，一句赞扬的话，就像魔棒在他心灵上点击而闪出的耀眼火花。一句真心的赞扬，多过任何以金钱和虚荣为形式的伪装。

适当的赞扬，会令人欢心地感受到你的友善。如同艺术家在把赞美带给别人时感到愉快一样，赞扬不仅给听者，也给自己带来极大的愉快。它给平凡的生活带来了温暖和快乐，把世界的喧闹变成了音乐。

有人说，赞美是一把火炬，在照亮他人生活的同时，也照亮了自己的心田。赞美，有助于发现被赞美者的美德，推动彼此之间的友谊健康地发展，还可以消除人与人之间的龃龉和怨恨。

每个人都会认为自己很重要，自己做的事大多数都是正确的。在他看来，世界上唯一重要的就是他自己。当然，在这里不是宣扬"人人都自私"的观点。每个人身上都有对自己的满足感，还有重要感、成熟感。光是他们自己感到了还不满足，还需要外界对他们的认同，在这种认同中他们感到社会已注意到他们的存在，心里在想：我还是蛮重要的，瞧这件事我办得多好。

一些话语比如"你行的，你一定行"、"你是天才，你是个天分很高的人"、"你是个很好的姑娘"，诸如此类的暗示性的语言能使人在举棋不定的时候重新获得勇气。

尤其是可能作为领导的 40 岁女人，请不要吝啬赞美，因为你的赞美是春风，它使人温馨和感激；请不要小看赞美，因为你的赞美是火种，它可以点燃心中的憧憬与希望。如能时时以饱满的精神、欣赏的眼光、鼓励的话语对待他人，必能起到"随风潜入夜，润物细无声"的作用。

可以说赞美他人是博得他人好感、获得他人赞同的一把金钥匙。把赞扬送给别人，就像把食物施给饥饿的乞丐。在很多时候，它就像维生素，是一种最有效果的食物。

赞美是一件好事，但并非易事。拙劣的赞美只能算是拍马屁，即使你是真诚的，也会引起对方的反感。因此，怎样对别人进行恰到好处的赞美，是一个聪明女性必须掌握的技巧：

（1）赞美要发自真心。

赞美的话是人人都喜欢听的，但并非任何赞美都能使人高兴。有的人明明腿短，你偏要赞美人家穿裤子好看；明明长得黑，偏要说人家肤色亮；明明身体虚弱，偏要说人家身体健康，像练过健美操似的……无根无据、虚情假意的赞美，对方不仅会感到莫名其妙，而且还会觉得你油嘴滑舌、诡诈虚伪。

能引起对方好感的只能是那些基于事实、发自内心的赞美。真诚地赞美别人，不仅会使被赞美者产生心理上的愉悦，拉进你们之间的关系，还可以使你经常发现他人的优点，从而使自己对人生持有乐观、向上的态度。

（2）赞美要合乎时宜。

有诗曰："美酒饮到微醉后，好花看到半开时。"赞美也是如此，赞美也要见机行事、适可而止，做到合乎时宜。

有位有经验的心理专家给我们举例子：当朋友向你诉说她正计划着做一件有意义的事时，你一开头的赞扬能激励她下决心做出成绩，中间的赞扬有益于她再接再厉，结尾的赞扬则可以肯定成绩。这样做，我们就能达到"赞扬一个，激励一批"的效果。

（3）赞美要因人而异。

教学要因材施教，而赞美则要因人而异。因为每一个人都有不同的个性，每一个人都有自己独特的特长。

比如，对于女孩子，你就赞美她漂亮，如果不漂亮，你就可以赞美她可爱，如果不可爱，你就可以赞美她温柔，如果不温柔，你就可以赞美她有个性，如果没个性，还可以赞美她脾气好；而对于老年人，要多赞美他引为自豪的过去；对于年轻人，我们就不妨赞美他的创造才能和开拓精神；对于经商的人，可称赞他头脑灵活，生财有道；对于有孩子的母亲，如果赞美她的孩子聪明可爱，她则会笑得合不拢嘴……这样，因人而异，突出个性，有特点的赞美比一般化的赞美能收到更好的效果。

（4）赞美可随时随地。

在日常生活中，要想赞美别人，可以随时随地进行。要养成欣赏别

人优点和长处的习惯，哪怕只是微小的长处和小小的进步。

因此，交往中应从具体的事件入手，善于发现别人哪怕是最微小的长处，并不失时机地予以赞美。如果对方经常感受到你的真挚、亲切和可信，你们之间的人际距离就会越来越近。而你也能从赞美别人中，取长补短，完善自我。

（5）多赞美一些需要你赞美的人。

很多人只会赞美那些早已功成名就的人，或自己以后能用得着的人，而不屑于赞美那些被埋没而产生自卑感或身处逆境的人。对于前者，你的赞美是锦上添花，而对于后者，你的一声真诚赞美、一个赞许的目光、一个夸奖的手势，等于雪中送炭，自卑的人有可能因为你的赞美振作起精神，大展宏图，产生意想不到的效果。

任何一个人成功的道路都不是平坦的，对那些从小就经历苦难的人更是如此。尤其是在他们最困难的时候，在他们感到前途渺茫看不到出路的时候，他们需要的不是同情的眼泪也不是深切的惋惜，往往一句赞赏或鼓励的话语就会让他们树立起信心，去克服困难，去迎接挑战。

谈话是一门艺术，懂得这门艺术的人，往往做起事来事半功倍。如沐春风的谈话，可以令你的圈子越来越大，朋友越来越多。40岁的你，如果还没有懂得这门艺术，那要赶快留心周围的成功人士哦。

让你的语言减少矛盾

一个女人的处世交际能力的水平完全可以从她的谈话中体现出来。一个善于交际的女人在一般交谈的场合，应该避免和别人争论，口气一定不能过于激进。因为交谈的主要目的是促进彼此的了解，增进双方的友谊，是一种社交性的活动，一争论起来就很容易伤感情，还有可能伤了别人的自尊。

尤其是作为 40 岁的女人，为了一些不痛不痒的小问题，就与人争得面红耳赤，说了他人不爱听的话等于白费口舌，自讨没趣，再一不小心伤了他人的自尊，那麻烦就更大了。而且在公众场合与人争论不休，毕竟是一件有失大雅的事情。

争吵并不是解决问题的唯一办法，许多时候的争吵往往都是源于小事的，然而正是因为这些小事却造成了许多无法挽回的错误。

当然，争吵也是沟通的一种方式，尤其是在职场上，往往好的建议与正确的决定就是在争吵、辩论中得到的，但关键是看女性们如何对待这样的争吵和辩论的态度和心态了。

除了为了工作而争吵以外，在工作过程中与同事接触时，女性也应该注意自己的言行，能忍则忍，时刻记住：吃亏就是占便宜，不能因为逞一时的口舌之快而损毁了你在同事和领导心中的形象。要知道，此时的忍让并不会让人觉得你软弱、好欺负，大家反而会觉得你这个人有涵养、大度，不斤斤计较，无形中也提高了你的人气。

但是真拿吵架当回事的女人会很有体会——吵架真的很伤感情，它甚至还会让人气得脸色发白、血压升高，甚至吃不下饭，心浮气躁、劳神伤身。

慢慢你就会发现，许多争吵都是无意义的，和睦、和谐才是幸福的。多用一些客气的口头用语，相信在很多情况都会出现一个巴掌拍不响的局面。总之，架还是少吵为妙，毕竟人在气头上，难免会做一些不智的举动，说一些伤人的话。

尽管雨过天晴后看似一片蓝天，其实彼此的伤害仍然在心中久久无法抹去。所以，能忍则忍，伤人的话能不说就不说，和朋友、同事在一起应该以"和"为贵，以"退一步海阔天空"为行动准则，毕竟大家

低头不见抬头见，倘若吵得不可开交日后是很难相处的。

那么，要做到既不必随声附和他人的意见，又避免和别人争论，究竟有没有两全的办法呢？

答案是肯定的。

（1）尽量了解别人的观点。在很多场合，争论的发生多半由于大家只看重自己这方面的理由，而对别人的看法没有好好地去研究、去了解。假如我们能够从对方的立脚点去看事情，尝试着去了解对方的观点，认识到为什么他会这样说、这样想。这样，一方面使我们自己看事情的时候会比较全面，另一方面也可以看到对方的看法也有他的理由。即使你仍然不同意他的看法，但也不至于完全抹杀他的理由，那么自己的态度就可以比较客观一点，自己的主张就可以公允一点，发生争论的可能性就比较少了。

同时，假如你能把握住对方的观点，并用它来说明你的意见，那么，对方就容易接受得多，而你对其观点的批评也会中肯得多。而且，他一旦知道你肯细心地体会他的真意，他对你的印象就会比较好，他也会尝试着去了解你的看法。

（2）对方的言论，你所同意的部分，尽量先加以肯定，并且向对方明确地表示出来。一般人常犯的错误就是过分强调双方观点的差异，而忽视了可以相通之处。所以，我们常常看到双方为了一个枝节上的小差别争论得非常激烈，好像彼此的主张没有丝毫相同之处似的，这实在是一件不智之举，不但浪费许多不必要的精力与时间，而且使双方的观点更难沟通，更难得到一致的或相近的结论。

解决的办法是，先强调双方观点相同或近似的地方，在此基础上，再进一步去求同存异。我们的目的是在交谈中使双方的观点更接近，双方的了解更深。

即使你所同意的仅是对方言论中的一部分或一小部分，只要你肯坦诚地指出，也会因此营造比较融洽的交谈气氛，而这种气氛，是能够帮助交谈发展，增进双方的了解的。

（3）双方发生意见分歧时，你要尽量保持冷静。一般，争论多半是双方共同引起的，你一言我一语，互相刺激，互相影响，结果就火气越来越大，情感激动，头脑也不清醒了。如果有一方能够始终保持清醒的头脑和平静的情绪，那么，就不至于争吵起来。

但也有的时候，你会遇见一些非常喜欢跟别人争论的人，尤其是他们横蛮的态度和无理的言辞常常使一个脾气很好的人都会失去忍耐。在这种时候，你仍然能够不慌不忙，不急不躁，不气不恼的，将会使你可以能够跟那些最不容易合作的人好好地进行有益的交谈。

（4）永远准备承认自己的错误。坚持错误是容易引起争论的原因之一。只要有一方在发现自己的错误时，立即加以承认，那么，任何争论都容易解决，而大家在一起互相讨论，也将是一桩非常令人愉快的事情。在我们谈话的时候，我们不能对别人要求太高，但是不妨以身作则，发现自己有错误的时候，就立刻爽快地加以承认。这种行为，这种风度，不但给予别人很好的印象，而且还会把谈话与讨论带着向前跨进一大步，使双方在一种愉快的心情之中交换意见与研究问题。

（5）不要直接指出别人的错误。老一辈的人常常规劝我们不要指出别人的错误，说这样做会得罪人，是非常不智的。然而，如果在讨论问题的时候，不去把别人的错误指出来，岂不是使交谈变成一种虚伪做作的行为了吗？那么，意见的讨论，思想的交流，岂不是都成为根本没有必要的行为了吗？

然而，指出别人的错误的确是一件很困难的事情，不但会打击他的自尊和自信，而且还会妨碍交谈的进行，影响双方的友情。

那么，究竟有没有两全之策呢？

张娜小姐，是一位食品包装的市场行销专家，她的第一份工作是一

项新产品的市场测试。她第一次工作，当结果出来时，她可真惨了。更糟的是，在下次开会提出这次计划的报告之前，她没有时间去跟她的老板讨论。

轮到她报告时，她真是怕得发抖。虽然她尽了全力不使自己精神崩溃，而且告诫自己决不能哭，不能让那些以为女人太情绪化而无法担任行政业务的人找到借口。她的报告很简短，只说工作中发生了一个错误，但在下次会议前，她会重新再研究。

她坐下后，心想老板定会批评她一顿。

但是，老板却说谢谢她的工作，并强调在一个新计划中犯错并不是很稀奇的。而且他有信心，第二次的普查会更确实，对公司更有意义。

散会之后，张娜的思想纷乱，并下定决心，决不会再一次让老板失望。

张娜果真没有让老板失望，并且从这件事情上获得了巨大的信心，工作中也取得了十分优异的成果。

这件事叫我们看到，一件事情的不同处理方法，就会出现不同的结果。如果当时老板就对张娜加以批评，那么，她接下来的成功也毫无希望了。

怎么在指出别人错误的时候，做到不伤害他人的自尊呢？你可以尝试用以下的方法：

你不必直接指出对方的错误，但要设法使对方发现自己的错误。

在日常生活中，大家交谈的时候，并不是每一个人都能够始终保持清醒的头脑和平静的情绪，有许多人都有一种感情用事的毛病。即使那些自己很愿意跟别人心平气和地讨论问题的人，有时也不免受自己的情绪支配，在自己的思考与推论中，掺进一些不合理的成分。如果你把这些成分直截了当地指出来，往往使对方的思想一时转不过来，或是情绪上受了影响，感到懊恼异常，或者引起他的恶意的反攻，或者使他尽力维护他的弱点，这都是对交谈的进行十分不利的。

但如果在发现对方推论错误的时候，你把你交谈的速度放慢，用一种商讨的温和的语调陈述你自己的看法，使他能够自己发现你的推论更有道理。在这种情形下，他也就比较容易改变他的看法。

很多人都有这种认识：一个人免不了会看错事情，想错事情，假使他们能够自己发觉错误所在，他们就会自动地加以纠正。但是如果被人不客气地当众指出来，他们就要尽力去掩饰，尽力去否认，尽力去争执，因此，为了避免使他们情绪激动，我们就不去直接批评他的错误，不必逼他当着众人的面说："我错了"或者"我全错了"。有的人一看到别人犯了一点错误，就要把它死盯住不放，还加以宣扬，自鸣得意地让对方为难，这是一种幼稚的举动，是一种幸灾乐祸的态度，不是一种对人友好、与人为善的做法。

有一次，赵女士在超市采购，看到柚子在搞促销，比较便宜，就买了几个。到出口结账时，收银员向她要会员卡，她说没带会员卡，收银员说没有卡不能买。赵女士申辩说，卖柚子的地方并没有标明要会员卡啊？收银员则坚持说，还是不能买，要么你去借一个卡吧。这种情况下怎么办？为了几个柚子去跟陌生人借卡不值得，据理力争注定只能激化矛盾。赵女士想了想说，卡我不借，柚子我也不要。就不再和她争论了。收银员看她不争也不要了，反倒不再向她要卡，柚子也卖给她了。

事情很小，但避免争论的说话方式，避免了伤害别人，也避免了自己被人伤害。

说话所起的反应，可有几种，第一种是有隽永之味，第二种是有甜蜜之味，第三种是有辛辣之味，第四种是有爽脆之味，第五种是有新奇之味，第六种是有苦涩之味，第七种是有寒酸之味，而最坏的反应，则是第八种，有创痛之味。言谈之中，令人回味，对方自然而然产生隽永的反应；热情洋溢，句句打入心坎，对方就会产生甜蜜的反应；激昂慷

慨，言人所不敢言，对方就会产生辛辣的反应；知无不言，言无不尽，对方就会不由产生爽脆的反应；好无事生非之言，对方会产生新奇的反应；陈义晦塞，言辞拙讷，对方会产生苦涩的反应；一味诉苦，到处乞怜，对方会产生寒酸的反应；豪放利箭，伤人为快，伤人越深，越以为快，对方会产生创痛的反应。能得隽永反应者为上，能得甜蜜反应者为次，能得爽脆反应者又次，能得辛辣反应者再次，得到新奇的反应、苦涩的反应、寒酸的反应的话都是下等，而得到创痛反应的话，就更是大反人情了。

但是说尖刻话的人，未尝不自知其伤人，而乃以伤人为快，这是什么道理呢？这完全是心理的病态，而心理之所以有这样的病态，也自有其根源，是后天性的，不是先天性的。换句话说，这是环境逼他走入了歧途。

假如你的身上有这样的毛病，你一定明白这种病的危险，不去医好，结果必是众叛亲离，不要说在社会上，只有失败不会成功，即使在家庭，亲如父兄妻子，也无法水乳交融。不过父兄妻子，关系太密切，即使无法容忍，仍会宽容以待，社会上的人，就绝不会对你这么宽厚。必以眼还眼，以牙还牙，总有一天，你会成为大众的箭靶子。因此，说话尖刻，足以伤人情，伤人情的最终结果，却是伤了自己。

所以，作为 40 岁女人的你，说话时要尽量心态平和，态度温和，不要让你的朋友离你而去，仅仅为了一句无心之失。

通达的女人不会刻意表现自己

40 岁的女人信仰的是强者之美，认为做人就该多想着自己，多表现自己，至于别人怎么看自己才不在乎呢。然而这种为人处世的方法是存在很大问题的，一个不顾及别人的人也难获得别人的认可。

有的人说话，不顾及别人的态度与想法，只是一个人滔滔不绝，说个没完没了，讲到高兴之处，更是眉飞色舞，你一插嘴，立刻就会被打断。这样的人，还是大有人在的。李晓就是这样一个人，只要他一打开话匣子，就很难止住。跟他在一起，你就要不情愿地当个听众。他甚至可以从上午讲到下午，连一句重复的话都没有，真不知道他的话都是从哪来的。每次他找人闲聊，大家都躲得远远的，因为和他在一起实在没劲。

人与人交往，重要的是双方的沟通和交流。在整个谈话过程中，若只有一个人在说，就不容易与对方产生共鸣，这样就达不到沟通和交流的效果。就是说，交谈中要给他人说话的机会，一味地唠叨不停就会使人不愿意与你交谈。

每个人对事物的看法各不相同，如果你在与他人交往的过程中，把自己的观点强加给别人，就会引起他人的不满。其实，每个人由于生活经历不同，对事物的认识也会不尽相同，各持己见也是正常的现象。但是，当他人提出不同意见时，就断然否定，把自己的观点强加给别人，这样必定会给人留下狭隘偏激的印象，使交谈无法进行下去，甚至不欢而散。当你与他人交谈时，应该顾及对方的感受，以宽容为怀，即使他人的观点不正确，也要坚持与对方共同探讨下去。

林枫是某大学外国语学院的学生会会长，一表人才，能言善辩，口才极佳。但他有一个特点，凡事争强好胜，常因为一些问题的看法与别人争得面红耳赤，非得争个输赢出来才肯罢休。总认为自己说的话有道理，别人说的话没道理。别人的看法和观点，常常被他驳得一无是处。大家讨论什么问题时，只要他在场，就会疾言厉色，一会儿反驳这个，一会儿又批评那个，好像只有他一个人是正确的，别人都不如他。如果不把死的说活，活的说成仙，就不会善罢甘休。就这样，常常会把气氛弄得很紧张，最后大家只好不欢而散。

　　还有的人，十分热衷于突出自己，与他人交往时，总爱谈一些自己感到荣耀的事情，而不在意对方的感受。40 岁的 A 女士就是这样一个人，不论谁到她家去，椅子还没有坐热，就把她家值得炫耀的事情一件一件地向你说，说话的表情还是一副十分得意的样子。一位老同学的丈夫下岗了，经济上有点紧张，她知道了，非但没有安慰人家，反而对这位同学说"我家那口子每月工资 6 000 元，我们家花也花不完"。她丈夫给她买了一件漂亮的衣服，因为很值钱，她就跑到人家那里去炫耀："这是我丈夫在香港给我买的衣服，猜一猜多少钱？1 800 元。"说完很得意的表情，意思是："怎么样，买不起吧。"

　　表现自己，虽然说是人的共同心理，但也要注意尺度与分寸。如果只是一味热衷于表现自己，轻视他人，对他人不屑一顾，这样很容易给人造成自吹自擂的不良印象。

　　一个人在与别人相处和交往的时候，要多注意别人的心理感受。只有抓住了别人的心理，才能真正赢得别人的赞赏与好感。如果你只知道表现自己，抢着出风头而不给别人表现的机会，你就会遭到别人的怨恨，使自己陷入尴尬境地。

聪明的女人要口下留情

在待人处世中，40 岁女人最容易犯的一个错误就是随意指责别人，这也许是由于年轻气盛，也许是由于对自己的绝对自信。但不管怎样还是要提醒你，指责是对别人自尊心的一种伤害，是很难让人原谅的错误，如果你不想让身边有太多的敌人，那就请口下留情，别总去指责别人。

人的本性就是这样，无论他做的有多么不对，他都宁愿自责而不希望别人去指责他们。别人是这样，我们也是这样。在你想要指责别人的时候，你得记住，指责就像放出的信鸽一样，它总要飞回来的。因此，指责不仅会使你得罪了对方，而且也使得他必须要在一定的时候来指责你。即使是对下属的失职，指责也是徒劳无益的。如果你只是想要发泄自己的不满，那么你得想想，这种不满不仅不会为对方所接受，而且就此树了一个敌；如果你是为了纠正对方的错误，那为什么不去诚恳地帮助他分析原因呢？

手段应当为目的服务，只有怀有不良的动机，才会采用不良的手段。许多成功者的秘密就只在于他们从不指责别人，从不说别人的坏话。面对可以指责的事情，你完全可以这样说："发生这种情况真遗憾，不过我相信你肯定不是故意这么做的，为了防止今后再有此类事情发生，我们最好分析一下原因……"这种真心诚意的帮助，远比指责的作用明显而有效。

另外，对于他人明显的谬误，你最好不要直接纠正，否则会好像故意要显得你高明，因而又伤了别人的自尊心。在生活中一定得牢记，如

果是非原则之争，要多给对方以取胜的机会，这样不仅可以避免树敌，而且也许已使对方的某种"报复"得到了满足，于己也没有什么损失。口头上的牺牲有什么要紧，何必为此结怨伤人？对于原则性的错误，你也得尽量含蓄地进行示意。既然你原意是为了让对方接受你的意见，何必以伤人的举动来凸显自己。

微笑、眼色、语调、手势都能表达你的意见，惟独不要直接说"你说得不对"、"你错了"等等，因为这等于在告诉并要求对方承认："我比你高明，我一说你就能改变你自己的观点。"而这实际上是一种挑衅。商量的口吻、请教的诚意、轻松的幽默、会意的眼神，定会使对方心服地改变自己的失误，与此同时，你也不会树敌。要知道，只有很少一部分人的思想是符合逻辑的，大多数人生来就具有偏见、嫉妒、贪婪和高傲等本性，人们一般都不愿改变自己的意愿。他们若有错误，往往情愿自己改变。如果别人策略地加以指出，则其也会欣然接受并为自己的坦率和求实精神而自豪。

假如由于你的过失而伤害了别人，你得及时向人道歉，这样的举动可以化敌为友，彻底消除对方的敌意。说不定你们今后会相处得更好。既然得罪了别人，当时你自己一定得到了某种"发泄"，与其待别人的"回泄"自来，不知何时飞出一支暗箭，远不如主动上前致意，以便尽释前嫌，演绎流传千古的"将相和"。

为了避免树敌，还有一点需要特别注意，这就是与人争吵时不要非争上风不可。请相信这一点，争吵中没有胜利者。即使你口头胜利，但与此同时，你又树了一个对你心怀怨恨的敌人。争吵总有一定原因，总为一定的目的。如果你真想使问题得到解决，就绝不要采用争吵的方式。争吵除会使人结怨树敌，在公众面前破坏自己温文尔雅的形象外，没有丝毫的作用。如果只是日常生活中观点不同而引致的争论，就更应避免争个高低。如果你一面公开提出自己的主张，一面又对所有不同的意见进行抨击，那可是太不明智了，致使自己孤立和就此停步不前。如果你经常如此，那么你的意见再也不会引起别人的注意。你不在场时别人会比你在场时更高兴。你知道的这么多，谁也不能反驳你，人们也就不再反驳你，从此再没有人跟你辩论，而你所懂得的东西也就不过如此，再难从与人交往中得到丝毫的补充。因为辩论而伤害别人的自尊心、结怨于人，既不利己，还有碍于人，这实在不是聪明的做法。

"多个朋友多条路，多个仇人多堵墙"，生活中你要注意尽量避免树敌，更不要做因指责别人而得罪人的蠢事。

委婉地提醒对方的错误

不要直接批评、责怪和抱怨他人。身在职场，有的时候难免会遇到和同事、朋友甚至是上级意见不同的时候，而往往有的时候，正确的那个就是你自己。40 岁的女人要学会用委婉的语言提醒某人的错误，使他人感到我们并不认为他们不聪明或无知，决不要伤及别人的自我价值感。

面对他人的错误时，最好的办法是以有效的方法使其认识到自己的错误。要做到这一点，就需要宽容他人——但绝不是纵容。委婉或间接地提出你的看法，对方更容易接受。

金无足赤，人无完人，人生在世，孰能无过。生活中，我们和他人沟通是不可避免的，在这个交往的过程中，经常会发现他人身上的缺点和过错。一般说来，人都有自知之明。人们发现自己的错误后，会对过失的性质、危害、根源等进行一些反思。但是，旁观者清，当局者迷。自己的反思再深刻，总是没有旁观者看得清楚。因此，当我们发现他人

的过失时，予以及时的指正和批评，是很有必要的。有人说赞美如阳光，批评如雨露，二者缺一不可，这话是十分有道理的。在沟通中，真诚的赞美是必不可少的，但中肯的批评也是必要的。

很多人认为，批评都是得罪人的事。其实不然，不是有"良药苦口、忠言逆耳"的说法吗？的确如此。但是，之所以如此，恐怕主要还是与我们批评别人的技巧与原因有莫大的关系吧。医学发展至今，很多良药已经包上糖衣，或经过蜜炙，早已不苦口了，那么，我们为什么不能研究一下批评他人的技巧，把忠言变成顺耳的呢？

批评他人的技巧，在目前来说还是鲜为人知。说到批评这个词，人们就会很容易想到损人、让人丢面子、颐指气使等等。然而，在沟通中，假如想要让自己的人际关系保持融洽，在批评他人时绝不应有上述情况。要知道，我们批评人的真正目的并不是要把对方整垮，而是要对他有所帮助。因此，真正的批评，一定不能直接批评他人，伤害对方的自尊心，而是要在维护对方自尊心的基础上，帮助他认识所犯过失的性质、危害、根源等，让对方更加正确地行事，也使自己拥有一个更加和谐的人际关系。

得当地对别人进行批评也是一门艺术。批评别人而要使其口服心服，就要讲究窍门。

北卡罗来纳州王山市的凯塞琳·亚尔佛德是一家纺纱工厂的工业工程督导，她很会处理一些敏感的问题。

她职责的一部分，是设计及保持各种激励员工的办法和标准，以使作业员能够生产出更多的纱线，从而使她们同时能赚到更多的钱。在只生产两三种不同纱线的时候，所用的办法还很不错，但是最近公司扩大产品项目和生产能量，以便生产 12 种以上不同种类的纱线，原来的办法便不能以作业员的工作量而给予她们合理的报酬，因此也就不能激励她们增加生产量。凯塞琳已经设计出一个新的方案，能够根据每一个作业员在任何一段时间里所生产出来的纱线的等级，给予她适当的报酬。设计出这套新方案之后，她参加了一个会议，决心要向厂里的高级职员证明这个办法是正确的。凯塞琳说他们过去用的办法是错误的，并指出他们不能给予作业员公平待遇的地方，以及她为他们所准备的解决办法。但是，这却导致了严重的失败。她只是忙于为新办法辩护，而没有留下余地，让他们能够不失面子地承认老办法上的错误，于是这个建议也就胎死腹中了。

之后，凯塞琳认真思考了其中的原因，并请求召开另一次会议，而在这一次会议之中，她请其他人说出问题到底出在什么地方。然后讨论每一要点，并请他们说出最好的解决办法，在适当的时候，她以低调的建议引导他们按照自己的意思把办法提出来。等到会议结束的时候，实际上也就等于是自己的办法提出来，而他们也热烈地接受这个办法。

指出别人错误的时候要以委婉含蓄的方式，不要太直接了。含蓄委婉地指出他人的过错，必能激发起他人的羞愧之心并使之心存感激，从而使其在以后的工作中能更加兢兢业业，能积极努力地去纠正自己的过失，从而使境况大为改观。

委婉是说话时的一种修辞方法，即在讲话时不直接诉述其本意，而是用委婉的方法加以烘托或暗示，让他人通过自己的思想得出结果，从中揣摩出深刻的道理。

我们要想劝阻一件事，就要记住永远避开正面的批评与指责。如果有必要的话，我们不妨用委婉的语言方式去暗示对方。对人正面的批评与指责，会毁损了他的自重，剥夺了他人的自尊心。如果用委婉的语言提醒某人的错误，使对方知道你的用心良苦，他不但会接受你的意见，而且还会从心底里感激你。

任何场合，保持应有的涵养

40 岁女人一定要有涵养，就像男人一定要有宽广的胸怀一样，不能再像年轻时的小女生一样，冲动和莽撞。有涵养的女人由内而外都散发着一种高贵、优雅的气质，不论在什么场合都不会由着自己的性子来。好的涵养可以让她们克制自己的不满，冷静下来理智地解决问题，而不是摔门而去，冲动之下，失去本该拥有的机会。涵养是所有女人美丽的底色，居家女人也不例外。

通常喜欢读书的女性都很有涵养。

小雅是公司的财务总监，聪明漂亮，老公自己经营着一家公司，两人是大学同学，十分恩爱，绝对的事业爱情双丰收。

一次，她和同事逛商场时，发现自己的老公搂着一个和自己女儿差不多的小女孩谈笑风生。小雅当时很没面子，真想冲上去给老公和那个不要脸的女孩两个耳光。

老公看到她也愣了。然而小雅却平静了一下，走到老公面前，说："嗨，逛街呢，继续！"说完优雅地走了过去。事后才知道原来那是老公同学的女儿，同学出国不在家托他照顾。小雅庆幸自己当时没有冲动，老公也开玩笑地说："小样儿，看不出来挺镇静呀，不过谢谢你！没有让人家见识到你这位'醋劲十足'的阿姨的厉害！"

作为女人，不要总指望自己的每次付出都能够得到回报。生活中充满着诸多的无奈，有些目标并非努力了就能达到。偶尔给自己找个借口，给自己一点宽容，学会用理智控制情绪。理智给女人带来的是智慧，智慧让女人把握住了自己。如果女人能够拥有深厚的涵养、非凡的气度，就能在今后的生活中得到更大的回报。

什么是涵养？涵养就是控制情绪的能力，而并非软弱。所谓软弱是指无条件的屈服，涵养是指有原则的谦让，指身心方面的修养功夫。相信很多女人会经常陪着你的他参加会议、聚会，在社交场合如果你能给他争来极大的面子，那么相信你的他会更加在乎你、更加欣赏你的。

在参与社交活动时，必须注意仪表的端庄整洁，适当的修饰与打扮是应该的。女人外表固然很重要，但女人真正的魅力要靠内涵透出的一种让人信服的内在气质来体现，这就是内涵。女人味是女人至尊无上的风韵——一个女人长得不漂亮不是自己的错，但没有内涵就是自己的问题了。

女人如何让自己在任何场合都保持着一种优雅的涵养呢？

（1）多读书。

书，使女人的生活充满光彩，使女人有正确的思想；书，能净化女人的灵魂。因此，读书的女人看起来都是很有修养的，那种内涵可持续她的一生。

（2）练就大的肚量。

就算生气了也要扬扬嘴角，如果斤斤计较的话，别说是涵养，就连教养都会丢掉。

（3）不要穿得花枝招展。

在选择服装时，应该精心地挑选，慎重地对待，要根据自己的年龄、身材、职业特征去合理地搭配，这样才会给人以耳目一新的感觉。有品位的服装也会时刻提醒你注意自己的身份和仪表，不管遇到什么突发状况，都能保持冷静。

和多数人站在同一立场上

40 岁的女人，你千万不要冒失地、毫无结果地去跟别人谈论你的愿望。在劝说别人做些什么事情时，开口之前，先停下来问，自己如何使他心甘情愿地做这件事呢？

可以换个角度看问题，比如站在多数人的立场上看。有时，我们会看到自己从前的可笑，更多的，我们会了解别人的看法。

生活中有时会发生这种情形：对方或许完全错了，但他仍然不以为然。在这种情况下，我们就要养成站在多数人的立场上思考问题的习惯，不要指责他，因为这是愚人的做法，我们应该理解他、谅解他。

有这样一个故事：一位妈妈在圣诞节带着 5 岁的女儿去买礼物。大街上回响着圣诞赞歌，橱窗里装饰着彩灯，装扮可爱的小精灵载歌载舞，商店里五光十色的玩具应有尽有。一个 5 岁的孩子将以多么兴奋的目光欣赏着绚丽的世界啊！妈妈毫不怀疑地想。然而她绝没有想到，女儿却紧拽着她的衣角，大声地哭了起来。

"怎么了？宝贝，要是总哭个没完，圣诞精灵可就不到咱们这儿来啦！"

"我，我的鞋带开了……"

妈妈不得不在人行道上蹲下来，为儿女系好鞋带。系鞋带时，妈妈无意中抬起头来："啊，怎么什么都没有？"——没有绚丽的彩灯，没有圣诞礼物，也没有装饰丰富的餐桌……

原来那些东西都太高了，孩子什么也看不见。落在她眼里的只有一双双粗大的脚和女人们低低的裙摆，在那互相摩擦、碰撞……真是好可怕的情景！

　　这是这位妈妈第一次从 5 岁女儿目光的高度眺望世界。她感到震惊，立即把女儿带回了家。从此妈妈发誓，今后再也不把自己认为的"快乐"强加给自己的孩子。"站在女儿的立场上"，妈妈以自己亲身的体验认识了它。

　　这个世界往往就是这样，人们太过于自以为是了，太喜欢把自己的意志强加给别人了。在我们的日常交往中，会惊讶地发现某个人与自己有着截然相反的特性。谁对？谁错？谁更符合社会和他人的要求？恐怕谁也无法一时做出确切的结论。

　　人们在感受到真正的爱和理解前是不会向别人敞开心扉的。而一旦感受到了这些，他们会把一切都告诉我们。"如果人们不了解我们对他们有多在乎，那么，他们也就不在乎我们对他们有多了解。"设想一下这样一种情况：如果一个人连了解我们和我们倾诉的时间都不愿意花费，我们愿意听他们的话吗？

　　人们内心的最大渴望是被人理解。人人都想被人尊重，得到别人的承认。

　　如果你想改变人们的看法，而不伤害感情或引起憎恨，那么就请试着诚实地从他人的观点来看事情。有时候，一个神奇的短句，就可以阻止争执，除去不良的感觉，创造良好意志，并能使别人注意倾听。

　　如果你也想拥有这样的短句，请这样开始：我一点也不怪你有这种感觉，如果我是你，毫无疑问地，我的想法也会跟你的一样。

　　这样的一段话，会使脾气最坏的老顽固软化下来，而且你说这话时，可以有百分之百的诚意，因为如果你真的是那个人，当然你的感觉就会完全和他一样。

　　这就好像，你不是响尾蛇的唯一原因，是你的父母并不是响尾蛇。你不去亲吻一只牛，也不认为响尾蛇是神圣的唯一原因，是因为你并不

出生在恒河河岸的印度家庭里。

有人问和平运动者马丁·路德·金，为何如此崇拜美国当时官阶最高的黑人军官丹尼尔·詹姆士将军。金博士的回答是，他判断别人是根据他们的原则来判断，不是根据他自己的原则。

在个人问题变得极为严重的时候，从多数人的观点来看事情，也可以减缓紧张。人们往往愿意站在自己的立场上思考问题，如果我们意识到这一点，并同他们站在一起，那么，人与人之间的关系就不会那么紧张了，当然，也没有必要去排斥他人的观点。立场不同，观点也会各异。

或许有一天，当你请求任何人把烟熄掉，或请求他买你的产品，或请他捐出 50 元给红十字会之前，为什么不先闭上眼睛，试着从多数人的观点仔细想一想整件事呢？这要花费很多时间，但这能使你结交到朋友，得到更好的结果——减少摩擦和困难。

巧妙地运用暗示

"暗示"是一种心理影响，即用一种不明显的方式向他人发出某种信号，使他人得到信息后，在不知不觉中做出反应，它委婉、含蓄、富于启发性，如果运用得当，一定能取得"润物细无声"事半功倍的效果。

罗得岛温沙克的玛姬·杰各雇用了一群懒惰的建筑工人，他们在帮她家盖房子之后从不把周围清理干净。

最初几天，杰各太太下班回家之后，发现满院子都是锯木屑子。她没有去跟工人们抗议，因为他们工程做得很好。等工人走了之后，她和孩子们把这些碎木块捡起来，并整整齐齐地堆放在屋角。次日早晨，她把领班叫到旁边告诉他，她很高兴昨天晚上草地上这么干净，又没有冒犯到邻居。从那天起，工人们每天都把木屑捡起来堆好在一边，领班也每天都来，看看草地的状况。

当面指责别人，只会造成对方顽强地反抗；而巧妙地暗示对方注意自己的错误，则会受到爱戴。

下面几种巧妙的暗示，可以使对方真正明白自己的错误，并认真改正，而且也不至于使对方受到伤害。

（1）用意含蓄地暗示。

通过使用被动句式避免提及实施者，把有关意思表达出来，以显得婉转一些。例如："如果事情成了，不会让你白操心的。"

（比较：如果事情按时完成，我就奖励你。）

（2）自说自话地暗示。

使用不定代词代替"你"或"我"把有关意思表达出来，使有关话语听上去稍微平和一些。例如："谁求不着谁？任何人都会这样做的。"

（比较：我只好这样做。）

点名道姓叫人家干这干那或强调自己必须怎样，这常常是不怎么礼貌的。假如换用一些代词，就会显得比较礼貌。

（3）以多胜少地暗示。

使用"我们"代替"我"，把自己的看法、意见、决定等表达出来，以免显得主观武断。例如："我们是实在没办法了才来找您的。"

（意即：这是大家的共同愿望。）

在现代交往中，利用"我们"代替"我"是比较常用的礼貌表达方法。在政治活动、外交事务、学术交流、商务交往中，使用更为广泛。

（4）旁敲侧击地暗示。

通过旁敲侧击的说话方式把有关意思暗示出来，以免直接驱使对方，令人感到面子难下。例如："我要出差半个月，我养的那些花没人浇水，就得枯死。"

（意即：你来帮我照看一下吧。）

请人做事，不必都要具体细细讲明。在很多情况下只要给对方一点儿暗示即可，这样就显得很自然。

（5）提供线索地暗示。

通过提供有关线索，间接引导对方考虑自己的建议或请求，给自己和对方都能留下很大的余地。例如："我们公司离你家很近，几步路就到了。"

（意即：请你去一趟吧。）

借助话语线索间接向对方发出邀请或请求，往往比直接讲明心愿更为得体一些。

（6）预设前提地暗示。

通过蕴含的前提把有关意思暗示出来，使对方自然而然地按照自己的要求去做。例如："这院子前几天是我打扫的。"

（意即：今天该你打扫了。）

这句话蕴含了一个前提，就是"这院子应该你我轮流打扫"。说话人没有把它直接说出来，则显得比较含蓄。

（7）轻描淡写地暗示。

有意使用轻描淡写的语言把有关意思表达出来，使之更易接受，更有意味。例如："你帮我把这房间稍稍粉刷一下。"

（意即：实际上需要彻底粉刷一下。）

在提出建议、做出评价时，假如根据对方的心理特点适当压低调子，效果可能会更佳。

（8）最后通牒式地暗示。

用夸张的方法把绝望的意思表达出来，通过说明事情的难度等，求得对方的谅解。例如："我是上天无路，入地无门了。"

（意即：不到最后关头，是不会给你添麻烦的。）

在向对方表示歉意时，适当强调客观原因，可以表明并非主观不积极，因而容易得到对方的谅解。当然，这也要掌握好分寸，否则就会显得不实在。

（9）唯一选择地暗示。

借助同事反复的句式把有关解释、劝慰等表达出来，显得比较近情达理。例如："领导毕竟是领导。"

（意即：这事非你不行。）

类似的表达方式在日常交际中很常见，听起来也十分自然。

给别人留面子，给自己留余地

无论在家庭中还是事业中，给别人保留一份面子，也是为自己留有一点余地。女人到了 40 岁的时候，最忌讳的就是喋喋不休、经常爱抱怨，因为男人天生就爱面子，尤其是在外人的面前。但无论在什么时候，男人特别不希望自己的妻子是一个不会给足男人面子的女人。

面子，是无形中存在又不可忽略的东西，男人，尤其需要面子。不少男人活着，大多时间是活在面子的支撑下，想象不出如果没有了面子，他们的日子会是怎样。这样的说法一点都不过分，因为面子是男人精神和心理的需求，是不同于物质的。

当女人度过了自己的热恋阶段，男女双方迈入了"居家过日"的

小日子。此时的女人为人妻为人母，在小日子里充当着比男人更重要的角色。在家庭中可以掌握经济大权，女人说了算，在男人的眼里已经是习以为常。但是，无论女人掌握多大的经济权利，女人在大众面前一定要给足自己的男人面子。男人外出，女人为他整理得干干净净，什么颜色袜子配什么颜色皮鞋，什么颜色衬衫配什么颜色外套，把自己的丈夫打扮得"山清水秀"。在众人面前要对自己的男人赞不绝口，言语间透出对自己男人的欣赏。她掌握了家中经济大权，对众人会说，小事情我做主，大事情老公说了算。女人给足自己男人面子，她以这种美丽，支撑着小家。

在灯红酒绿、纸醉金迷的大都市，有时有些男人经不住诱惑，迷失了方向，做出了越轨行为，女人不会容忍这种行为，但是会以她的宽容，面对现实，在大众面前会帮男人承担些责任。既为人妻，又为人母，维护男人和孩子的面子甚至比自己更重要。她会不惊动任何人（包括自己的父母、同事和孩子）妥善处理好尴尬之事，丝毫不会破坏背叛自己男人的公众形象，不会使她心中那些美好的回忆支离破碎。当然，那些家花不如野花香的男人除外。

由此可见，在处理尴尬家庭事务中，女人给足了男人面子。她把尴尬和痛苦留给自己，用一种坚强的美丽维护男人的公众形象和孩子幼小心灵不受伤害，在两个长辈家庭未掀起波澜，同时也是维护了自己的面子，不会有使自己、孩子、老公及家人走在路上被人指指点点的那种伤害。这样既给了男人面子，同时还给自己争了面子，两全其美。

其实，一个女人给男人面子，从而激发他们的更多优势，对自己更有信心，从而做得更好。有句话说得好：男人的一半是女人。因此，女人要给足男人面子，以促进他们积极向上，有错就改，无错加勉。

现今的社会，女人早已不是依附于男人而生存，这已经让有些男人心理失衡，如果再不给男人面子，家庭生活必定会是矛盾重重。倒不是说男人的心态不好，几千年来造成的问题不是一朝一夕就能烟消云散的，女人不只是过去那种唯唯诺诺的女人，女人是可以自闯一片天的。面子问题，也就应运而生了。在任何时候，给男人面子，不是让女人委曲求全，而是要给男人体面的自尊。这样既有助于家庭和睦，同时还会使您得到男人更多的关心和体贴。

男人在外打拼，劳累、委屈他都可以不在乎，但他不能失去男人的尊严。确实，只要不违背原则，女人可以暂时委屈一下，给男人一点面子又何妨呢？常言说：量大福大。大度的女人也更令男人加倍地尊重自己。

总之，对于一个家庭而言，首先要有"欢乐气氛"。假如丈夫的潜力没有发挥出来，女人就应该给他创造一个发挥潜力的环境。作为妻子，指责或是挑剔都是不应该的，因为面子对于男人而言或许是在社会上立足较为重要的东西。

面子，在某些时候对于女人来说并不难，只要不损害原则问题。给男人面子，在某种程度上，女人自己也会得到好感和尊重。一个得理不饶人，或是自恃高傲、咄咄逼人，眼中无人的女人，一点面子不留给男人，相信很多的男人都会避而远之。

特别是在一些人多的场合，男人说错了，你明明知道，但作为女人千万不要当面指出。私下再去更正，更正的语气也不是平日里那样直接，应该比较委婉，既让他明白自己哪里错了，也让自己没有心理负担，不然的话，男人会有纵容明知是错而不纠正的心理。女人这样做，与俗语的给个台阶下是大同小异的。

朋友之间，给面子不困难，毕竟不是每天在一起，相聚的时间短，出于礼貌，也会给面子。

不说他人是非的人最受欢迎

哲学家们说"一个女人等于 500 只鸭子"，事实就是如此，喜欢闲聊是女人的天性，诸如衣服、品牌、化妆品、男人……谁谈恋爱了，谁和男朋友分手了，谁和老板的关系可能不正常了，谁考试没过关了，谁给上司送礼了……不要以为你说了不会有人知道，不要以为身边的人都是朋友，可能你上午说完，下午别人就知道了，而你就在毫不知情中却把人得罪了。

在我们的生活当中，"三八"渐成了一个贬义词，知道吗，词典里对于"三八"的解释就是长舌女人，在背后论人是非的女人。

所以，聪明的女人一定要管好自己的嘴，闲谈莫论人非。你可以做个好的倾听者，但是如果你知道自己管不住自己的嘴，那么最好不要加入到任何闲谈中，以免殃及自身。

曾经有位哲人说过这样一句话："坏人不讲义，蛮人不讲理，小人什么都不讲，只讲闲话。"闲话也有很多种，一种是依事据理、与人为善的说法；一种是无中生有、搅乱是非的说法。

职场的人际关系复杂，女性朋友们为了保住自己的地位和名誉，什么都不要尝试，因为你不敢保证自己哪句毫无恶意的话会被别人捕风捉影地到处传播出来，那样即使你有一百张嘴恐怕也说不清了——得罪了人不说，还有可能从此受到排挤。试想一下，你身边的人天天给你穿小鞋，有几个人能承受得住？

Linda 在上班路上遇到部门公认的美女主管阿美，看到她从一辆豪华轿车上下来，两人寒暄了几句。回到办公室，女孩子们正在聊天，

"Linda，以后少和那个阿美接触，听人说她在外面被人包养了。""难怪，我看到她从一辆豪华轿车上下来。"办公室里一下炸锅了，一传十，十传百，下午开会阿美看她的眼神都不对了。以后处处都找 Linda 的麻烦，原来全公司都在传阿美被人包养，而且还有人亲眼见到了，而那个人自然是无意之中多嘴的 Linda 了。此时的 Linda 有嘴也说不清了，只得找了个借口递了辞呈。

言多必失，古人的遗训想来是有道理的。尤其是喜欢在背后议论别人的女人，总有一天你说的话会传到被谈论者的耳朵里——如果你们是朋友，那你将失去这个朋友；如果你们是同事，那你将多一个职场敌人。

一个女人在他人背后指指点点、说三道四，会在贬低对方的过程中破坏自己的大度形象，而受到旁人的抵触。不要轻易地去议论别人，这样会降低你的人格魅力，从而给自己的人际关系带来不良影响。所以，大家一定要以此为戒，管好自己的嘴巴，注意自己的形象。

话切莫说绝

我们在与人交谈中，千万不要把话说得过于绝对。举一个简单的例子，比如人家问你"乌鸦是什么颜色的啊？"你千万别望文生义，或者凭借见过几只黑鸟的有限经验而武断地回答："乌鸦嘛，绝对是黑色的！"而聪明的女人则会这样回答："天下乌鸦一般黑！"

假如人家大白天里看到灰色的、棕色的甚至白色的乌鸦了，跑来反驳你。"瞧，你看，你看，这乌鸦不是黑色的！你还有什么好说的！"

你仍然可以脸不红心不跳地笑嘻嘻地说："老兄千万别断章取义，

我说的是天下的乌鸦一般是黑的。'天下乌鸦一般黑'嘛。您这是找到特例了呀。"

如此，保管你立于不败之地。这不是抵赖，这是含糊说话的技巧所在。任何时候都不要把话说绝了，所谓"话到嘴边留三分"，说话要留有余地，不能把话说死，才能进退自如。

某地一家国有企业曾经有一批"请调大军"，对此，新来的女厂长并没有大惊小怪，更没有埋怨指责。面对几百名"请调大军"，她发出肺腑之言："咱们厂是有很多困难，我也怵头。但领导让我来，我想试一试，希望大家给我半年时间，如果半年后咱厂还是那个样，我辞职，咱们一块走！"

这些话语没有高调，朴实无华，既是人格的表现，又是模糊语言的恰当运用。女厂长没有坚定地表示决心，而是"我也怵头"；她没有把话说绝，而是"我想试一试"；她没有正面阻止调动，而恰恰相反，"如果半年后，咱厂还是那个样，我辞职，咱们一块走"。然而，谁也不会相信，这是一个来"试一试就走"的女厂长。相反，人们正是从她那入情入理、心底坦荡的语言中感到了力量，看到了希望。结果，这个工厂像是一个得了狂躁病的人吃了镇静剂那样恢复了平静，一心要干下去的人增强了信心，失去了信心的人振作了精神。模糊语言在这里发挥了神奇的作用。

模糊的语言一语双关，不尽之意在语言外，在这种场合，成了沟通思想而又不致引起矛盾的特殊方法。我们在平时的交际中，常常用"如果时间允许"来回答朋友们热情的邀请，"如果时间允许"，就是模糊语言，它既显得彬彬有礼、十分中肯，又给我们自己创造了一个宽松的语言环境。试想若用"不能去"或"马上就去"等非常确定的语言来回答，其效果都不会理想。直接拒绝说"不能去"有点不尽情谊，说"马上就去"可是事后没时间去失约又会影响感情。这就是外交上经常会用到的技巧"弹性外交"策略，用到平时的交际中也是非常好的交际方式。

在谈话时，我们要端正思维方式，冲破传统的、习惯的"非此即彼"的思维约束，寻求两个对立极端的中间状态，使其真正与现实问题相吻合。彻底抛弃"非对即错"、"非社即资"、"非黑即白"等长期困扰我们的违反辩证法的极端观念。

一位伟人曾针对这种"绝对分明的和固定不变的界限"提出："除了'非此即彼'，又在适当的地方承认'亦此亦彼'！"这位伟人的意思也是要我们学会含糊说话，不要轻易说出绝对的话，因为话说出口之后是很难收回的。

所以说，言谈不可把话说绝，这是一种为人处世的高明的策略。要做到这一点其实也不难，这里面有个技巧，就是妙用含糊措辞。

含糊措辞是运用不确定的，或不精确的语言进行交际的方法。在公关语言中运用适当的含糊措辞，这是一种必不可少的艺术。办事需要语词的模糊性，这听起来似乎是很奇怪的。但是，假如我们通过约定的方法完全消除了语词的模糊性，那么，就会使我们的语言变得十分贫乏，使它的交际和表达的作用受到限制。

例如：某经理在给员工作报告时说："我们企业内绝大多数的青年是好学、要求上进的。"这里的"绝大多数"是一个尽量接近被反映对象的模糊判断，是主观对客观的一种认识，而这种认识往往带来很大的模糊性。因此，用含糊语言"绝大多数"比用精确的数学形式的适应性强。即使在严肃的对外关系中，也需要含糊语言，如"由于众所周知的原因"、"不受欢迎的人"等等。究竟是什么原因，为什么不受欢迎，其具体内容、不受欢迎的程度，均是模糊的。

平时，你要求别人到办公室找一个他所不认识的人，你只需要用模糊语言说明那个人矮个儿、瘦瘦的、高鼻梁、大耳朵，便不难找到了。

倘若你具体地说出他的身高、腰围精确尺寸，倒反而很难找到这个人。因此，我们必须至少在办事说话时放弃这样一种观念："较准确"总是较好的。

关于含糊这个问题，我们经过大量的实践和总结，得出了以下两个含糊措辞法，大家不妨在实际生活和工作当中运用一下，或许会对你有所帮助。

（1）宽泛式含糊法。

宽泛式含糊法，是用含义宽泛、富有弹性的语言传递主要信息的方法。例如：

现代文学大师钱钟书先生，是个自甘寂寞的人。居家耕读，闭门谢客，最怕被人宣传，尤其不愿在报刊、电视中扬名露面。他的《围城》再版以来，又拍成了电视剧在国内外引起轰动。不少新闻机构的记者，都想约见采访他，均被钱老执意谢绝了。一天，一位英国女士，好不容易打通了钱老家的电话，恳请让她登门拜见钱老。钱老一再婉言谢绝没有效果，他就妙语惊人地对英国女士说："假如你看了《围城》像吃了一只鸡蛋，觉得不错，何必要认识那个下蛋的母鸡呢？"洋女士只好放弃了采访的打算。

钱先生的回话，首句语义明确，后续两句："吃了一只鸡蛋觉得不错"和"何必要认识那个下蛋的母鸡呢？"虽是借喻，但从语言效果上看，却是达到了"一石三鸟"的奇效：其一，是属于语义宽泛，富有弹性的模糊语言，给听话人以寻思悟理的伸缩余地；其二，是与外宾女士交际中，不宜直接明拒，采用宽泛含蓄的语言，尤显得有礼有节；其三，更反映了钱先生超脱盛名之累、自比"母鸡"的这种谦逊淳朴的人格之美。一言既出，不仅无懈可击，且又引人领悟话语中的深意，格外令人敬仰钱老的道德与大家风范。

（2）回避式含糊法。

回避式含糊法，是根据某种场合的需要，巧妙地避开确指性内容的方法。

在涉外接待活动时，每当与外宾交谈会话中，遇到"难点"就应巧妙回避转移。

不管怎样，含糊的措辞也是实际表达中需要的，常用于不必要、不可能或不便于把话说得太实太绝的情况。这时就要求助于表意上具有"弹性"的委婉、含糊措辞，一方面是为了给自己留条后路，另一方面，这也是避祸、解围屡试不爽的绝招。

在社交中做一个聪明的"傻女人"

俗话说："聪明的女孩人人爱！"但许多事实证明，如果一个女人到了40岁仍然处处表现得聪明的话，那就没有可爱可言了。或许你有其他方面的魅力，但是因为太聪明，或者说话方式太冲，让别人无法接受；有的40岁女人在表述一个观点或反驳别人的意见时，总是口若悬河、直抒胸臆，也不管别人受不受得了。有时只不过因为自己和别人对某事的看法不太一致，或者在谈话间谁犯了知识性的错误或是逻辑错误，也会被她毫不留情地指出。特别是在人多的场合，在别人谈兴正浓时，突然被她捉出一个硬伤，大煞风景不算，还弄得很没面子。这样的女人会让人觉得不舒服。再漂亮的脸蛋，看多了也就这么回事，而太过凌厉的个性，只能让人敬而远之。

其实，有很多时候，40岁女人是不必这么聪明的。又不是商务谈判，更不是什么原则性问题，何必咄咄逼人呢。肚子里有再多的墨水，

也不必成天卖弄，藏在心里，有麝自然香。搞不清高尔基是哪个国家的人，也不是什么大不了的事情，何必非让人家下不了台呢？

正常情况下，学历高、聪慧又漂亮的女孩子，处朋友本应没有任何问题，但高智商的她们，往往又一眼识破了男人们的甜言蜜语，看穿了男人们的拙劣把戏，自然恋爱也谈不起来。聪明的女人，善于洞察一切，总是能一下子击中要害，让人无所遁形。聪明的女人，太有威胁性，没有安全感，所以男人最怕聪明女人。

生活中，最受欢迎的大概就是"傻傻"的小美人了。她们总是比男人"笨"一点点。能理解男人在说什么，却表现得永远不会比他懂得更多，看得更远。记住，太聪明的女人不可爱。收起锋芒，做个会装傻的聪明女人吧。聪明的女人懂得什么时候该聪明，什么时候该装傻。可是，"装傻"应该怎样做呢？

"装傻"，是一种技巧。它不是要你时时都在"做假"，如果这样，这个人反而成了一个比傻子还"傻"的人了。它是为某种需要，而做出适时的"装傻"之举。"装傻"是一种有一定深度和很大技巧性的艺术。要在生活中适时地运用"装傻"手段，去趋利避害。为人处世，就要从细微处培养自己的洞察力与辨别能力。只有当自己站在一定的高度看人看事的时候，你才能从全局上把握时机，从发展中寻找突破口。

"装傻"是一种境界，是聪明女人的处世哲学。其实"装傻"并不是让人唯唯诺诺、忍气吞声，任何事情都有它的模糊地带，"装傻"是换一种方式，把生活中的小事模糊处理。这也是老子所谓的"大智若愚"的观点，而且这样做才是真正聪明女人的处世经。

五　把生活纳入自己的轨道

　　40岁女人在爱情与事业间已经摸爬滚打了半世之久，红尘间的恩恩怨怨早已经是厌烦的陈年旧事了，人与人之间的钩心斗角，早已是渴望逃避开的纷繁世事，可是，人活在世上就避免不了要跟各种各样的人发生联系，而欺诈、竞争、不平衡等等这些，都是逃避不开的烦恼。快乐不是别人给的，在这样的世界里，如何快乐的生活，是一个40岁的女人应该自己去努力寻找的方向。

40 岁女人，首先要学会爱自己

40 岁的你，扪心自问，生活中是不是已经渐渐缺少了快乐，枯燥得已经只能用乏味来形容，究竟是什么叫生活变得一潭死水？张小娴曾说："如果你真的没办法不去爱一个不爱你的人，那是因为你还不懂得爱自己。"

是啊，女人常常为了爱情付出一切，而往往忘了去为自己留下一点空间，女人 40 岁一定要学会，在爱别人之前要先爱自己，学会尊重自己、欣赏自己。

每一个女人都是降落凡尘的精灵，身为女人你应该学会爱自己，精心经营自己的美丽，关爱自己的健康，呵护自己的心灵，使自己无论何时何地，遇到何种事物都能够淡然从容。

女人是这世间最脆弱的动物，容易被伤害，特别是容易为情所困。往往会在失恋后一蹶不振，酿出一幕幕悲剧，在学校的会影响功课，工作的会耽误前程，闲暇时或许会风花雪月，或许会花天酒地、夜夜笙歌。总之，谁都无法预测 40 岁女人歇斯底里时会发生什么。其实，为什么不学会爱自己呢？

爱自己有太多的理由，也有太多的方式，只可惜很多女性却没有意识到这一点。失恋的痛苦、生活的挫折和失败，早已让她们脆弱的心灵伤痕累累。

因此，要对着所有的 40 岁女人大声疾呼：爱别人之前，要先学会自己爱自己，要学会在恶劣的状况下保护自己，让自己的生命更加精彩，而不是成为他人的附属品。

学会爱自己，才不会虐待自己，才不会刻薄自己，才不会强求自己做那些勉为其难的事情，才会按照自己的方式生活，走自己应该走的道路。40 岁女人才能在爱情到来的时候不迷失自己，才能在爱情离去的时候把握自己。

从呱呱坠地之初，女人就习惯了在外界的观照中看清自己，借镜子来观察自身的容貌，借别人的肯定或赞赏来认识自己的才华，渐渐生出依赖，离开别人的评价便找不到自己的位置。其实并不是这样的，动物从不需要同类给予肯定就可以生存下去，人作为高等动物，具有思想、意识，为什么就不能自我肯定呢？为什么就一定要从别人的眼光里寻找自身的价值呢？但是学会爱自己并不等于自我姑息、自我放纵，而变得自私自利，而是要我们学会勤于律己。

人的一生总有许多时候没有人督促我们、监督我们、叮咛我们、指导我们、告诫我们，即使是最深爱的父母和最真诚的朋友也不会永远伴随我们，我们拥有的关怀和爱抚都有随时失去的可能。这时候，我们必须学会为自己生存，才不会沉沦为一株随风的草。

40 岁女人爱自己，就是懂得人间处处充满爱的道理。

当一个人不会爱自己的时候，他是不幸的。失去了爱的能力，常常会想尽一切方法来掩盖、来弥补。总之，你的身上可能没有任何值得炫耀的地方，但是，别忘了，你就是你，你是独一无二的，你是上天的杰作。

《世说新语》里有这样一则小故事，桓公少时与殷侯齐名，有一天，桓公问殷侯："你哪一点比得上我？"殷侯思考了一下，很委婉地回答道："我与我周旋久，宁作我。"

是的，何必羡慕别人？我有自己的性格与生命经历，不论遭遇是好是坏，一切喜怒哀乐都是我在承受与体验。我的生命是独一无二的，怎么可以拿来与别人交换！

不要羡慕别人的美貌，不要希冀别人的头脑，不要模仿别人的身材，爱自己的出发点，就是勇敢地接纳并不完美的自己。眼睛小吗？没关系，眼小能聚光；身材矮吗？没关系，浓缩的都是精华……无论是哪里多一寸，或是少一寸，你都是上天的杰作，你没有理由轻视自己，你也是夜空中一颗耀眼的星星。

　　真正的生命强者是在与命运的激烈碰撞中，绽放出光芒并实现自我人生价值的人。就像饥渴的沙漠需要水，他需要一切能证明自己存在的东西，需要别人的好言相向、需要金钱、需要房子、需要名声地位、需要表面的幸福。

　　但是不管怎样，世界从不会因为某个人而发生改变。不论我们是在幸福的时候，抑或不幸的时候都是一样充满着爱，空气、水、食物，这都是世界对我们的爱，万物的本质就是爱，也许你没有沉鱼落雁的美貌，也许你没有聪颖睿智的头脑，也许你没有魔鬼般的身姿……但一定要好好地生活。活给自己看，也活给爱自己的人看，更要活给那些瞧不起自己的人看。尽管免不了会经历这样或那样的挫折，可那也是上苍给予你的礼物，让你在成长中学会坚强。

　　女人总是想小鸟依人地生活在一个男人的身边，但是却变成了菟丝花紧紧地依附在男人这棵"树"上，一旦失去了"树"，就再也不能独立生长。

　　其实，在寻找一棵大树之前，女人应该把自己先培养成一棵树，双木才成"林"，一人一木是"休"，不是被自己"休"，就是被男人"休"。

　　40岁女人学会爱自己，要从今天开始，要从这一刻开始。人，不应该牵挂未来而焦虑企盼，也不应该对往事反悔惋惜而不能自拔，要知道只有现在这一分、这一秒才是最重要的、最能确定的。未来总是会带来希望和失望，过去常常提醒自己的失误，要知道未来和过去都和我们想象的不同，只有现在才是我们可以把握的。

知道自己要什么不要什么

梁实秋曾经说过：中年的妙趣在于相当地认识人生，认识自己，做自己所能做的事，享受自己所能享受的生活，对于一个现代女性来说，对自我的认知并不一定是中年人的特权。

在日渐浮躁的社会里，明确知道自己曾去过何处，今后又要去往何方，生命才有意义。

有这样一种说法：生活质量和品质的提升前提是知道自己想要什么。初听上去，这似乎是很世故的套话，没有表达什么实质性的内涵。事实上，在人的内心深处，的确需要一些目标和框架。

多次世界冠军获得者、亚特兰大奥运会金牌得主阿兰·约翰逊，与年轻的新秀、雅典奥运会金牌得主刘翔，前不久曾经有过一次历史性的会面，作为早已成名的老运动员和前辈，人们希望他给年轻的刘翔提点建议。约翰逊想了想后说："刘翔去年赢了奥运会，生活发生了很大的改变，但压力也自然而然地来了。媒体、田径迷们对他的期望值开始提高。我想刘翔应该有一个平和的心态，他应该清楚地知道自己要什么。"

有这样一段文字："守一颗心，别像守一只猫。它冷了，来依偎你；它饿了，来叫你；它痒了，来摩你；它厌了，便偷偷地走掉。守着一颗心，多希望像只狗。不是你守着它，而是它守着你。"原文是说爱情的，但是我觉得它可以扩大到所有的事情上。

作为现代女性，不应该仅仅只是能够从容面对生活，更能够倾听自己的内心，创造自己想要的生活。对于一个 40 岁女人来说，自知是她

的源泉。自知的基础是有主张、有认识，知道自己是做什么的，知道自己想要什么、能要什么。无论自己有什么想法，只要能被轻易左右的都是没价值的，能被轻易打乱的都是不够坚定的。有了生活目标和事业追求以后，相信自己一定能行，相信自己能够达到自己想要的那个样子。自知衍生从容，从容导致坚定，坚定决定成就，成就成全安详。40 岁女人要知道自己究竟想要什么，才可以活得精彩辉煌。

在我们周围，太多太多的人是生活的被动者，每天疲于奔命，像一只没头苍蝇一样跌跌撞撞，或者把自己扮演成了一个消防队员，急着赶去扑救生活的火灾。每一天都在毫无目的地庸庸碌碌中度过，然后，百般懊恼，埋怨命运不公。就像印度诗人泰戈尔所说的，当你为错过太阳而流泪的时候，你已经错过群星了。要知道，生活就是一面镜子，你如何对待生活，生活也如何对待你。没有明确目标的人，真是连祈祷都无门。神都会说："你自己都不知道自己要什么，我又怎能给你想要的生活？"

要知道，没有明确的目标，你就永远无法到达终点。无论何时何地，要明确自己的目标。多少人每天忙忙碌碌埋头苦干，被工作和生活压力所迫，渐渐地淡忘了梦想，你的目标开始模糊，人生或定位不清，或目标不明，不知往何处去。

每一天，我们都遇到对自己的人生和周围的世界不满意的人。你可知道，在这些对自己处境不满意的人中，有 98% 的人对心目中喜欢的世界没有一幅清晰的图画，他们没有改善生活的目标，甚至没有一个人生目标来鞭策自己。结果是，他们继续生活在一个他们无意改变的世界里。

每年年底的时候，公司总是会要求你对一年的工作做出总结，对新一年的工作做出规划。尽管这好像是例行公事，但事实上，回顾自己这一年来的工作，为新年的工作做个计划是很有必要的。当你为去年一年的收获而欣喜时，你必须问自己：新的一年我准备做什么？有什么新的计划？这一年里我要完成什么样的目标？有了新的目标，你就像在茫茫大海中航行的小船在前方看到了照明的灯塔，始终能够瞄准目标，加快速度，全力前行。

如果有机会的话，找一个安静的、不被打扰的空间，与自己的心灵对话，列一个清单，把那些你真正的想法具体表述出来，越详细越好。或许你会惊讶，原来，那些名牌的时装并不是你真正想要的东西，放下所有的包袱去九寨沟或者巴黎才是你的短期目标。

聪明的 40 岁女人给自己定下目标之后，目标就在两个方面起作用：它是努力的依据，也是对自己的鞭策。目标给了你一个看得着的射击靶。随着你努力实现这些目标，你就会有成就感。对许多人来说制定和实现目标就像一场比赛，随着时间推移，你实现一个又一个目标，这时，你的思想方式和工作方式又会渐渐改变。

这点很重要。你的目标必须是具体的，可以实现的。如果计划不具体，会降低你的积极性。为什么？因为向目标迈进是动力的源泉，如果你不知道自己向目标前进了多少，你就会泄气，甩手不干了。

让我们看个真实的例子，说明一个人若看不到自己的目标就会有怎样的结果。

1952 年 7 月 4 日清晨，加利福尼亚海岸笼罩在浓雾中。在海岸以西 34 千米的卡塔林纳岛上，一个 34 岁的女人涉水下到太平洋中，开始向加州海岸游过去。要是成功了，她就是第一个游过这个海峡的妇女，这名妇女叫费罗伦丝·查德威克。在此之前，她是从英法两边海岸游过英吉利海峡的第一个妇女。

那天早晨，海水冻得她身体发麻，雾大得连护送她的船都几乎看不到。时间一个钟头一个钟头地过去，千千万万人在电视上看着。有几次，鲨鱼靠近了她，被人开枪吓跑。她仍然在游。她的最大问题不是疲

劳，而是刺骨的水温。

15 个钟头之后她又累又冻浑身发麻。她知道自己不能再游了，就叫人拉她上船。她的母亲和教练在另一条船上。他们都告诉她海岸很近了，叫她不要放弃。但她朝加州海岸望去，除了浓雾什么也看不到。几十分钟之后——从她出发算起 15 个钟头零 55 分钟之后，人们把她拉上船。又过了几个钟头，她渐渐觉得暖和多了，这时却开始感到失败的打击，她不假思索地对记者说："说实在的，我不是为自己找借口，如果当时我看见陆地也许我能坚持下来。"人们拉她上船的地点，离加州海岸只有 0.8 千米！后来她说，令她半途而废的不是疲劳，也不是寒冷，而是因为她在浓雾中看不到目标。查德威克小姐一生中就只有这一次没有坚持到底。两个月之后她成功地游过同一个海峡。她不但是第一位游过卡塔林纳海峡的女性，而且比男子的纪录还快了大约两个钟头。

查德威克虽然是个游泳好手，但也需要看见目标，才能鼓足干劲完成她有能力完成的任务。当你规划自己的成功时千万别低估了制定可测目标的重要性。

还有非常重要的一点：聪明的 40 岁女人总是事前决断，而不是事后补救。聪明的 40 岁女人未雨绸缪、提前谋划，而不是等别人的指示。聪明的 40 岁女人不允许其他人操纵自己的生活进程，因为她们知道，不事前谋划的人是不会有进展的。聪明的 40 岁女人会举出诺亚为例，他可没有等到下雨了才开始造他的方舟。

女人不知道自己要什么很正常，因为人一生下来就不知道，但要知道自己不要什么并不容易做到，有时人一生都无法知道。我指的不是战争、饥饿、苍蝇、蚊子等坏东西，而是好东西，比如升职、加薪、分房、出国进修、海外轮岗。你一定要问，有什么理由拒绝这些好处呢？唯一的理由是，如果得到这些利益，你将离自己最想要的东西越来越远。任何利益都有附加条件，当这些附加条件不符合你的最高利益时，它们就是利益的代价。

这样的利益越多，代价就越大，我们就会离真正的目标越来越远。想想看，有多少人为了分房子而付出职业发展的代价，为了升职或提高收入而去做自己不擅长也不热爱的工作；又有多少人明知自己适合也愿意做职业经理人，却抵不住诱惑，去做创业者，把生意做到了姥姥家。

鞋子合不合适只有脚知道，工作合不合适只有心知道。以自己的心和职业激情为依据选择工作，以便让自己保持对工作的持续热爱，这虽然是一种理想，但我们都有机会尽量靠近它。靠近的条件不仅要有明确的职业目标，还要懂得放弃不符合职业目标的利益，并培养放弃的勇气和能力。面对选择时，我们要坚持做自己最想做的事，而不被眼前利益所左右。即使一时不知道自己要的是什么，也不要那些明知自己不真正想要的好东西，免得受其牵累。

人活着要有目标，要知道自己要什么不要什么，然后就要不懈地去努力。尤其对于女人，作为很容易迷失自我的群体，她们的感性总大于理性，所以生活中要有自己的目标，更要清楚自己想什么，不要什么。

阳光下的"半边天"

不管这世道如何反复无常，而总有一些 40 岁的女人能够自在徜徉在幸福的婚姻中，她们就像阳光下的花朵，时刻绽放着自己最光彩的一面。对于这些女人，我们不能一味地羡慕，也不能简单地说她们运气好。细细分析，你会发现，她们之所以有这种阳光般灿烂的状态，要归之于她们完善的没有缺陷的人格以及超强的心理素质。对于那些一直梦想着要靠别人给自己带来幸福的 40 岁女人，真的应该以她们为榜样，

重新塑造自己。让自己活在阳光里，幸福不用依靠任何人，自会不请自来。

概括地说，一个女人的阳光人格包括以下几方面的特征：

（1）自信。

每天早上起来，梳洗完毕，对着镜子里的那个女人大声朗诵："我很好，我很好，我真的、真的是最棒的！"一位心理专家说，这是开发自我潜能的手段之一。

有自信的女人，不会整天张狂霸气，高呼女权至上。超越男人的方法，不是把他们压迫在自己的霸权之下，而是活得跟他们一样地舒展、自信；也不是整天要向男人发出战书，或者摆出一副"皇帝轮流做，今年到我家"的进攻态度。和谐、平等和互助的两性关系，才是社会进步的动力。

自信，不是自大，自信是相信，也只有相信才会幸福。女人的力量犹如"百炼钢成绕指柔"。

（2）宽容。

世间万象，本来也没有对与错的绝对概念。也许身边的朋友通过嫁人从而衣食不愁，而你偏偏相信女人要靠自己一步一步稳扎稳打，鄙视她吗？或者从此敬而远之，断绝这份情谊？聪明的女性不会这样，她先问自己：她这样做对我有影响吗？没有，好，每个人有自己往高处走的方法，也许殊途同归，最终我们站到同一个制高点上。阳光女人能够包容，懂得尊重别人的选择，也认同别人的生活方式。

（3）方圆有道。

阳光女人的性格外圆内方，在柔情似水的外表下，跳动着一颗坚强的心。她已经脱离了狂热女性主义者的幼稚，从不摆出一副百毒不侵的女强人的面孔，以为这样就是坚强。她深深懂得，刻意追求的强悍，与女人真正的内心世界反差太大，是毫无韧性的坚硬。因此，她用最温柔的行为出击，争取最合理的待遇与最合适的位置。而且，她从不像工作狂那样抛弃男人与爱情，她理性地去爱，不依赖爱情，却充分享受它带来的甜美；不控制情感，却把它向美好的目的地引导。男人亲近她，却从不敢轻侮她。

（4）独立。

阳光女人有完整独立的人格。在经济上，她不依靠任何人，因为她懂得坚实的经济基础是维护自我尊严的必需。通过经济的独立，她享受着成就的满足感。在精神境界，她不是某个男人的附属品，懂得通过交友、读书、娱乐充实自己的内心。所以，即使没有爱情的滋润，仍然活得自在而辽阔。她不为不爱自己的男人流泪，也不会因为男人的承诺而用一生去等候。她，只相信自己，不用依赖也能活得很好。

（5）活力。

阳光女人把全副精神用来打理事业。她们踏实、勤奋，即使只是一份工作，她们也会用对待事业的热忱去经营。做一个有干劲的女人，不是叫你在事业上和男人斗个你死我活，而是要你问自己：从第一份工作开始，我有没有为自己设定一个奋斗的目标？

她们知道，每天规规矩矩地上下班是不够的。对事业，有点野心很好。女人，要用得体的方法为自己争取到更多。

（6）超越自我。

身处日新月异的科技世界，不进则退。阳光女人明白这点，所以她们不断自我充实，提升自我的知识和技能。她相信自己一定有天生的优势，并努力加以后天的创造。她比男人更加努力进取，不是对自己没信心，而是比男人更有雄心。

（7）家庭事业两平衡。

阳光女人是走钢丝的能手，在家庭和事业之间求得平衡。眼见险象环生，忽地来个漂亮翻身，又是一副悠然美态。她不是一个一成不变的

角色，她流动在职业女性与贤妻良母之间，什么场次，什么角色，毫不含糊。

（8）开朗。

脸上的笑容不仅传递着心里的欢愉，也是赠送给世界的一份美好礼物，因为笑容可以传染。如果一个人没有幽默的态度，不懂得自嘲，心事永远打着死结，拥堵于胸，一生都得不到快乐。新新女性知道幽默，知道自我开解，知道原谅，知道轻松。因为，她把快乐放在自己手心，不系在别人的言行上。

（9）爱美。

女人贪心，当然，对美一定要贪心。女人的美丽不一定是天生丽质，但肯定知道如何装扮自己。让每一天的心情跟着衣妆一起亮丽起来。她们美丽着，不为取悦男人，不是虚荣的表现，是女人热爱生活与维护自尊的表达。

（10）保持镇定。

阳光女人遇事冷静，临危不乱。她不愿意因为女人的特殊身份而享有特权：遇到危情，吓得脸色苍白，痛哭流涕，往男人的肩膀下钻，用眼泪作为捍卫自己的武器。她独立，有头脑，有能耐，可以用智慧、用个性魅力征服危难。更难得的是，她懂得在什么时候安慰男人，并且把男人的自尊照顾得很好，赢得他真心的喜爱。

这就是阳光下的女人，尽管她们还没有修炼到十全十美，但依然值得你以此为参照，最大限度地调整和改变自己。人生有太多的风雨，很多时候你根本无法预料接下来会发生什么，唯一的应对之道就是让自己随时生活在阳光里，让阳光性格伴你一生。

得意的 40 岁的你

你有没有想过这个问题："你现在最得意的事情是什么？"也许你会说："这个我得想想。"大多数 40 岁女人都不能很快地说出来。这时，你得注意了，快乐正在一点点地远离你。

教你一个快乐的秘诀，那就是将你的注意力集中在绝大部分顺利的事上，每天都想着你所得到的恩惠，让最得意的事常在你的脑海中萦绕。如果你掌握了这个秘诀，快乐就会永远伴随你。

贝迪曾经是一个非常忧虑的女人，几乎每天都生活在痛苦和烦恼之中，在她的脸上，就没有过快乐。但这些都已经是过去了，现在的她是一个幸福快乐的女人，在她的脸上根本看不出一丝的不开心。

一位多年不见的朋友安娜，见到贝迪如此惊人的变化，便问她："告诉我，是什么让你赶跑了忧虑？难道你最近几年都很得意？"

贝迪笑着说："对，这几年我真的都很得意。我几乎每天都在想那些得意的事。"这句话打开了她的幸福话匣子……

"你知道什么是我最得意的事吗？"贝迪主动说着。

安娜笑着摇摇头。

"我现在很健康，而且还有一份不错的工作。另外，我有一个爱我的丈夫和一个可爱的女儿。这些东西都是我所得意的。"贝迪的脸上洋溢着幸福的表情。

这些其实是绝大多数 40 岁女人所拥有的，根本不值得称道，但正是这些改变了贝迪，让她每天都笑容满面。

贝迪还是抑制不住内心的幸福，继续说："你是知道的，从前的我

一直生活在忧虑之中，特别是在我经营的那家杂货店倒闭了以后，我当时一想到自己不仅赔上了所有的积蓄，而且还欠下了很大的一笔债，想死的心都有了。我始终不能相信眼前的这一切，所以丧失了所有的斗志和信心。我就像被打败的士兵一样，垂头丧气地走在大街上，漫无目的，直到那个人的出现。"

贝迪说到这里停下了，也许是让安娜猜测。过了一会儿，贝迪开口了："那天我独自一人走在大街上，忽然间看到对面有一个没有双腿的人。他坐在一块安有溜冰鞋轮子的木板上，靠在街边的一角在修鞋。当我来到他身边的时候，他突然向我发出了真诚的一笑，说道：'早安，女士，祝福你。'我听得出来，他的话里没有一丝的悲哀，反而是充满了朝气。我突然感到，我与他比起来真的幸福多了，至少我还有两条健康的腿，难道我不应该为此得意吗？想到这里，我终于振奋起来，而且让自己不再觉得有任何的忧虑了。如今，我又拥有了自己的一家百货商店。"

讲到这里，贝迪不想再说什么了。当你还愚蠢地为自己没有一双漂亮的皮鞋而难过时，一个没有双脚的人出现了。你还有什么理由难过、伤心呢？

哲学家叔本华说："人往往把重心放在那些自己所没有的东西上，而很少考虑自己已经拥有的。这种想法实在是比战争还可怕。"的确是这样，人一生最得意的事就是满足于自己拥有而别人没有的东西。

丽达已经失明20多年了。可是，丽达从来没有灰心过，更没有去乞求别人的怜悯。她从小就很要强，靠着自己顽强的毅力，最后居然拿到了两所大学的学士学位，现在是一位小学老师。由于自己的业余生活比较丰富，她经常会参加各种俱乐部的演讲和集会。她曾经对别人说："我知道无法克服失明给自己带来的恐惧，所以只好以积极乐观的态度面对一切，我就常常想自己还不算是失明。"

如果不想让烦恼处处缠身，那么就每天多抽出一些时间来多想想自己所拥有的和自己最得意的事情。这样，你就会变得更加快乐。

生活中，40 岁女人要经常想想自己最得意的事情，要保持愉悦的心情，这不仅有助于你的身体健康，也有助于你的人际关系健康。快乐的心情会让你忘记烦恼，同时也会感染你周围的人，他们也愿意和快乐的人在一起。

收起你的脾气和眼泪

人们常说的一句话是女人是感性的，男人是理性的。这句话虽然有些绝对，但也不是没有道理。在大多数场合下，大多数的女人在处理事情时，总是感性多于理性。但在现代职场中，如果你经常发脾气、掉眼泪，那么不仅会让周围的人无所适从，而且还会对自身造成不可避免的损失，更会被归结为心理承受力差和性格软弱，认为你经不起大风大浪的侵袭，难以担当重大责任，最终对事业造成极大的影响。

艳红是一家大型企业的高级职员，她的能力和才华在公司里是有目共睹的，无论是工作能力，还是文字水平，均是堪称一流的人才，这一点连她的上司也是给予充分肯定的。艳红的性格热情大方、率真自然，颇受同事们的欢迎，深得上司的喜爱。但也就是这率直和不加掩饰的性格，在某些时候竟然也成了她事业发展中的致命伤！

最近一段时间，上司对一位无论是资历还是能力和业绩都不如艳红的女同事特别关照，也没见她干出什么出色的业绩。她做事总是磨磨蹭蹭的，却总是好事不断，什么提职、加薪等好机会都有她，一年之内竟然被"破格"提拔了两次，让人很是羡慕。

艳红心里越想越难受，为什么自己工作干了一大堆，也创造了十分亮眼的业绩，却不被提拔呢？她怎么也想不明白，真是又气又急又窝火。为此，艳红的工作情绪一度受到影响，陷入低落状态。

这时，一个平常和她关系不错的同事，见到艳红这副沮丧的样子，便告诉了艳红她的看法，她认为艳红之所以会出现目前的状况，虽然原因是多方面的，但最主要的一条，就是艳红犯了职场中的大忌——太情绪化了！

听了同事的劝告，艳红有些醒悟。其实，艳红也想让自己"老练"和"成熟"起来，然而，一碰到让人恼火的事情，她就是控制不住自己的情绪，尽管事后觉得自己有失理智，但当时就是不能冷静下来。

久而久之，艳红在公司里备受冷落，同事们也不敢轻易跟她说话了，艳红的事业陷入了彻底的困境之中。

类似艳红这种情绪化的反应，可以说是职业女性最容易出现的一大弱点。据调查，有80%的人认为，性别已经不再是制约女性晋升和发展的瓶颈，而性别给她们自身带来的种种性格上的弱点——情绪化，现已成为她们职业发展的最大障碍。

40岁女人一定要学会坚强，因为职场不相信眼泪，你可以有情绪，但发泄时一定要远离办公室，特别是要远离上司。

在很多人看来，姗姗是一个相当出色的职业女性——聪明、漂亮、有上进心，做事力求完美。但是，和她真正接触过的朋友，或和她一起工作过的同事们都十分清楚，她唯一的毛病就是爱哭！

有一次她辛苦设计了一个月的方案，本以为一切就要完事了，但方案中一篇重要稿件却被头儿否定了。姗姗头一次碰到这种状况，立刻蒙了。接下来，全办公室的人都被姗姗响亮的哭泣声惊呆了——姗姗大雨滂沱地足足哭了10分钟！从此，姗姗便不再受欢迎。

假如你有心要成就一番事业，就千万不要在别人面前亮出你的底牌，要学会控制你激动的情绪，不要乱发脾气，不要轻易掉眼泪，要懂得如何"伪装"自己的心情、掩饰自己的表情，要勇敢地去面对失败和压力。只有这样，你才能赢得同事和上司的认可，才能顺利开展你的工作，才能为自己赢得那片深邃湛蓝的事业天空。

眼泪和脾气是女性的天性，这无可非议。但这对于女性的工作是没有好处的，眼泪只能是让别人在私下里对她产生同情，而在工作上则会对她失去信任，如果遇到一点小小的困难，就发脾气和流眼泪，而不能够独自面对，别人也会对她的能力产生怀疑。

智慧 40 岁女人懂得如何抓住社交主动权

女性在交往的过程中往往过于内向，不喜欢采取主动的形式，因此，往往被大家所忽略而未能受到应有的重视，而这正是一般女性社交中的薄弱环节。

主动与人交往，是交际艺术的一个重要方面。不妨下次参加会议的时候留心观察一下，你会注意到这种现象：重要的人总是先主动介绍自己。

这些人经常主动向你走来，伸出手说："我是……"仔细思考一下这种现象，你会发现这些人之所以能成为成功者，是和他们主动建立友谊分不开的。

与不相识的人交往也许显得不太习惯，但大多数人都愿意有人交谈。当你主动跟他们打招呼，进行一些轻松愉快的谈话时，不仅他们会为之振奋，而且你也感觉到轻松。就像在寒冷的早晨，你给汽车加了温一样，你会充满活力。

当然，你完全可以拒人于千里之外。但是，那种态度也会使你不能分享众人之乐。你如果看不到他人的内心，你就看不到世界。

打开鞋盒让顾客挑选的女店员、街头值勤的交通协管、公共汽车司机、送水工，他们都是有个性的人，每个人都有一个丰富的内心世界。我们大多数人总是陷入刻板的生活，每天见同样那几个人，和他们谈同样的事。其实，和陌生人谈话，特别是和不同行业的人谈话，更能给你提供新的经验和感受。乡野的农人，偏僻地点加油站的工人，抱着孩子的极为惬意的40岁女人，都可能带给我们心灵的愉悦：觉得世界上充满了生机。

交往是人的本能行为，主动扩大交际面，有利于缓解工作和生活压力。女性要抓住社交主动权，首先要找准交际的切入点，比如留给别人良好的第一印象、博得别人的好感等，将自己训练成交际高手，进而为自己打造出一张成功的人际关系网。

将人际矛盾在 24 小时内解决掉

人际关系是女性职业生涯中一个非常重要的课题，特别是对大公司或企业的女职员来说，良好的人际关系是舒心工作、安心生活的必要条件。虽然因为各种职场烦恼，走上极端道路的"上班族"人数极少，但是，因为办公室人际关系带来烦恼的女性却大有人在。

在办公室里上班，与同事相处得久了，对彼此之间的兴趣爱好、生活状态，都有了一定的了解。当女性的办公室人际关系出现问题时，不要任其发展下去。逃避不是办法，关键是头脑清醒，坚持自己的原则。谨记：只要不涉及原则的事怎么都成；涉及原则的事，一定要正直公正，就事论事。

不要以为只有你所在的公司环境复杂，不论在什么样的公司工作，都会或多或少地遇到人际关系的问题，所以，采取换工作的方法并不是解决人际矛盾最明智的办法。而最明智的方法就是去适应环境，而不是让环境来适应你。

适应环境并不是要你改变自己做人的原则，而是使自己变成一个在工作感情上的"中性人"——既不特立独行，也不阿谀奉承，这才是保护自己并且和同事维持良好关系的好方法。

有时候，几句私下的谈话、10分钟的全体会议，甚至是半个小时的午餐时间就可以解决你在工作中遇到的人际矛盾。既然如此，那就尽快去行动吧！千万不要把事情拖到第二天，因为明天还有很多事情要做，早点解开心中的疙瘩，能让你的工作开展得更加顺利。

保持积极的心态与人进行沟通，让别人知道你正在为这件事努力，它在你心中很重要，那样即使你做得不是很到位，也会为你拉来不少的同情票；而你的逃避和置之不理很可能会更加激化矛盾，让事情一发不可收拾，这样很不利于你今后工作的开展。

尽管事实上，你不是高傲的人，只是有些不愿意认输罢了，然而这样做，还是会给人一种孤傲的感觉，很难得到大家的理解。

在与同事发生误解和争执的时候，一定要换个角度、站在对方的立场上为人家想想，理解一下人家的处境，千万别情绪化。要多一点关心，少一点孤立；多一点宽容，少一点冲动。遇事要冷静，多些沟通，不要过于注重面子问题，将自己的人际矛盾及时解决掉，共同营造一个和谐的办公室人际关系。

40 岁女人不与孤独同行

40 岁的男女都会有一些孤独感，只不过 40 岁女人的感觉更敏锐，她们对孤独的感受也就更深刻一些。孤独是一种毒品，一旦沉溺其中就会产生严重后果，它会让你丧失进取心，无法与人顺利交往，因此你一定要超越孤独、驾驭孤独。

孤独与寂寞不同，寂寞会在一群人的喧闹中消失得无影无踪，但孤独却赶不走，因为它是在你的心灵深处。

事业成功的 40 岁女人很孤独，事业的成功改变了她的地位，也拉开了她与丈夫、亲友的距离，她们常常会有"高处不胜寒"的孤独感。事业不成功的女人也孤独，她们即使拥有幸福的家庭，也常常会觉得自己是有缺憾的，看着顶着"女强人"光环的同龄人们，心里的孤独感也就更加强烈。40 岁的已婚女人也孤独，尤其是那些婚姻不幸或对婚姻不满的女人，她们的孤独更加刻骨铭心。

孤独是人生的一种痛苦，尤其是内心的孤寂更为可怕。一些孤独的女人们远离人群，将自己内心紧闭，过着一种自怜自艾的生活，甚至有些人因此而导致性格扭曲，精神异常。

有一个女人，两年前丈夫去世了，她悲痛欲绝，自那以后，她便陷入了一种孤独与痛苦之中。"我该做些什么呢？"在丈夫离开她近一个月后的一天，她向医生求助，"我将住到何处？我还有幸福的日子吗？"

医生说："你的焦虑是因为自己身处不幸的遭遇之中，40 岁便失去了自己生活的伴侣，自然令人悲痛异常。但时间一久，这些伤痛和忧虑便会慢慢减缓消失，你也会开始新的生活——走出痛苦的阴影，建立起自己新的幸福。"

"不!"她绝望地说道,"我不相信自己还会有什么幸福的日子。我已不再年轻,身边还有一个 11 岁的孩子。我还有什么地方可去呢?"她显然是得了严重的自怜症,而且不知道如何治疗这种疾病,好几年过去了,她的心情一直都没有好转。

其实,她并不需要特别引起别人的同情或怜悯。她需要的是重新建立自己的新生活,结交新的朋友,培养新的兴趣。而沉溺在旧的回忆里只能使自己不断地沉沦下去。

许多四十来岁的女性总是让创伤久久地留在自己的心头,这样她的心里怎么也难以明亮起来。实际上,只要自己能放下过去的包袱,同样可以找到新的爱和友谊。爱情、友谊或快乐的时光,都不是一纸契约所能规定的。让我们面对现实,无论发生什么情况,你都有权利再快乐地活下去。但是,她们必须了解:幸福并不是靠别人施舍,而是要自己去赢取别人对你的需求和喜爱。

让我们再来看这样一个故事。

一艘游轮正在地中海蓝色的水面上航行,上面有许多正在度假中的已婚夫妇,也有不少单身的未婚男女穿梭其间,个个兴高采烈,随着乐队的拍子起舞。其中,有位明朗、和悦的单身女性,大约四十来岁,也随着音乐陶然自乐。这位单身妇人,也和前面的那位朋友一样,曾遭丧夫之痛,但她能把自己的哀伤抛开,毅然开始自己的新生活。

有一段时间,她很难和人群打成一片,或把自己的想法和感觉说出来。因为长久以来,丈夫一直是她生活的重心,是她的伴侣和力量。她知道自己长得并不出色,又没有万贯家财,因此在那段近乎绝望的日子里,她一再自问:如何才能使别人接纳她、需要她。

她后来找到了自己的答案——要使自己成为被人接纳的对象,她得把自己奉献给别人,而不是等着别人来给她什么。想清了这一点,她擦

干眼泪，换上笑容，开始忙着工作。抽时间拜访亲朋好友，尽量制造欢乐的气氛，却绝不久留。没多久，她开始成为大家欢迎的对象，时有朋友邀请她吃晚餐，或参加聚会，她处处都给人留下美好的印象。

后来，她参加了这艘游轮的"地中海之旅"。在整个旅程当中，她一直是大家最喜欢接近的目标。她对每一个人都十分友善，但绝不紧缠着人不放。在旅程结束的前一个晚上，她的身旁是全船最热闹的地方。她那自然而不造作的风格，给每个人都留下了深刻印象，并愿意与之为友。

从那时起，她知道自己必须勇敢地走进生命之流，并把自己贡献给需要她的人。她所到之处都留下友善的气氛，人人都乐意与她接近。

因此一个孤独的 40 多岁女性，若想克服孤寂，就必须远离自怜的阴影，勇敢走入充满光亮的人群里。我们要去认识人，去结交新的朋友。无论到什么地方，都要兴高采烈，把自己的欢乐尽量与别人分享。

40 岁的女人如果不想深陷孤独，那么就要学着主动敞开心扉，多与人交流、沟通，多找一些事情来做，让自己有所寄托，这样做会使孤独离你而去，心灵也就更加丰盈、更加悠然。

"幸福感"和养成计划

40 岁的女人们追求金钱、地位、名望，因为她们相信这会让她们生活得更幸福。其实，幸福的感觉往往是与物质无关的，只要你学会调整自己的心态，同样可以生活得轻松而幸福。

她是一个 40 岁的女人，工作是程序员，每月有近 3 000 元的收入，和丈夫住在一个小小的居室里。她和丈夫报名参加电脑培训班，每天准时上下班，每到周末或者叫上朋友去野餐，或者与丈夫一起看场爱情电影。她说："我很幸福呀！没觉得自己缺什么，最大的理想就是成为系统工程师！"这位女士幸运地拥有了幸福，她也再一次向我们证明了这种说法：幸福与物质享受无关，而是来自于一份轻松的心情和健康的生活态度。

如果你能试着从以下几个方面努力，你也会成为一个幸福的人：

（1）不抱怨生活而是努力改变生活。

幸福的人并不比其他人拥有更多的幸福，而是因为他们对待生活和困难的态度不同。他们从不问"为什么"，而是问"为的是什么"，他们不会在"生活为什么对我如此不公平"的问题上做过长时间的纠缠，而是努力去想解决问题的方法。

（2）不贪图安逸而是追求更多。

幸福的人总是离开让自己感到安逸的生活环境，幸福有时是离开了安逸生活才会积累出的感觉，从来不求改变的人自然缺乏丰富的生活经验，也就很难感受到幸福。

（3）重视友情。

广交朋友并不一定带来幸福感，而一段深厚的友谊才能让你感到幸福，友谊所衍生的归属感和团结精神让人感到被信任和充实，幸福的人几乎都拥有团结人的天赋。

（4）持续地勤奋工作。

专注于某一项活动能够刺激人体内特有的一种荷尔蒙的分泌，它能让人处于一种愉悦的状态。研究者发现，工作能发掘人的潜能，让人感到被需要和责任，这给予人充实感。

（5）树立对生活的理想。

幸福的人总是不断地为自己树立一些目标，通常我们会重视短期目标而轻视长期目标，而长期目标的实现能给我们带来幸福感受。你可以

把你的目标写下来，让自己清楚地知道为什么而活。

（6）从不同情况中获取动力。

通常人们只有通过快乐和有趣的事情才能够拥有轻松的心情，但是幸福的人能从恐惧和愤怒中获得动力，他们不会因困难而感到沮丧。

（7）过轻松有序的生活。

幸福的人从不把生活弄得一团糟，至少在思想上是条理清晰的，这有助于保持轻松的生活态度，他们会将一切收拾得有条不紊。有序的生活让人感到自信，也更容易感到满足和快乐。

（8）有效利用时间。

幸福的人很少体会到贸然地被时间牵着鼻子走的感觉，另外，专注还能使身体提高预防疾病的能力，因为每 30 分钟大脑会有意识地花 90 秒收集信息，感受外部环境，检查呼吸系统的状况以及身体各器官的活动。

（9）对生活心怀感激。

抱怨的人把精力全集中在对生活的不满之处，而幸福的人把注意力集中在能令他们开心的事情上，所以，他们更多地感受到生命中美好的一面。因为对生活的这份感激，所以他们才感到幸福。

幸福是一种抽象的感受，是一种来自心灵的快乐和满足，它并不难得到，如果你愿意，你也一样可以拥有。

开发生活乐趣，让自己笑口常开

你可能早就发现了，心情不好时，看部喜剧电影大笑一场，沮丧的心情就会平复许多。我国民间有句俗语"笑一笑，十年少"，一个人如果能笑口常开，那么你的情绪、你的健康一定会变得更好。

人是精神和肉体的统一体，身心之间有明显的相互作用。因此，一个人情绪的好坏就会直接影响他的工作、生活和身体健康。从医学上来看，笑是心理和生理健康的反映，是精神愉快的表现。笑能消除神经和精神的紧张，使大脑皮质得到休息，使肌肉放松。特别是在一天紧张工作之后，说个笑话，听段相声，大脑皮质出现愉快的兴奋，有利于消除疲劳放松情绪。

欢笑还是一种特殊的健身运动。人一笑便引起面部、眼、口周围的表情肌和胸腹部肌肉运动。"捧腹大笑"时连四肢的肌肉也一起运动，从而加快了血液循环，促进全身新陈代谢，提高抗病的能力。

笑对呼吸系统有良好的保健作用，随着朗朗笑声，胸脯起伏，肺叶扩张，呼吸肌肉也跟着活动，好比一套欢笑呼吸操。同时，哈哈大笑还能产生"出汗、泪涌和涕零"之效果，起到促进汗液分泌，清除呼吸道和泪腺分泌物的作用。笑是一种最有效的消化剂，愉快的心情能增加消化液的分泌，欢声笑语可促进消化道的活动，使人食欲大增。

笑还具有祛病保健、抗老延年的功效。伟大的生理学家巴甫洛夫认为："愉快可以使你对生命的每一跳动，对生活的每一印象易于感受，不论躯体和精神上的愉快都是如此，可以使身体发展，身体强健。"而美国出版的《笑有益于血液——幽默的医疗作用》一书中列举了笑能治疗多种疾病的科学道理，指出：笑能缓解颈部肌肉的紧张度，所以对头痛病特别有效。比如著名化学家法拉第因用脑过度，年老时经常头痛，他受"乐以治病"的启发经常去看喜剧，每次都捧腹大笑，最终头痛病不药而愈。

美国记者卡曾斯得了一种在目前医学上难以治疗的疾病，他也是在一次因为看喜剧片大笑镇痛的实践下，自己拟定了：看喜剧影片——笑——吃饭——睡觉——笑的"治疗"方案。经过一段"治疗"病情大

有好转，10 年后再见时他已是个完全健康的人。我国评剧名演员新凤霞在谈起情绪与疾病和健康的关系时，深有体会地告诫人们"不生气"是保健的秘诀。

大笑虽然未必能让你"十年少"，但是可以舒缓你的情绪，给你精神上的放松和愉悦。当你感到情绪不佳时，不妨多找些可笑的电影看看，或听听相声，让自己的不愉快在笑声中得到释放。

一定要学会控制自己的情绪

女人在每天的生活中免不了会出现好情绪和坏情绪，但关键是如何保持情绪的平衡，而情绪控制的关键是如何处理冲动。

如果你刚穿上一件新买的高档时装出门，忽然被身边一辆疾驰而过的汽车溅了一身污水。这时，无论是谁，遇到诸如此类的事情，都难免气愤和恼火。你开始破口大骂，并说着些非常合乎逻辑的话语。这时你的生理开始有些变化，脸色改变，甚至全身发抖，心跳加快、呼吸急促、胆汁增多，最后是越想越生气。

女人是感性的，其情绪特别容易被外界的事物所影响。落花、流水、枯藤等都会让她们在心中感怀良久。面对生活中那些层出不穷的麻烦事，女人最容易发怒。所以，学会控制自己的情绪，对女人来说特别重要。

当我们遇到意外的沟通情景时，如果我们不能理智地控制住自己的情绪，任由怒火肆意而来，那么很可能伤害别人，就会造成人际关系的不和谐，对自己的生活和工作都将带来很大的影响。如果学会运用理智和自制，控制自己的情绪，就能正确地处理好事情。

雯雯是一家公司的职员。她的男朋友比较帅，是一家大公司的业务经理。为此，雯雯特别担心自己的男朋友和别的女孩在一起。真是怕什么来什么，没过多久，就发生了一件这样的事。

这天，雯雯碰巧到男朋友单位附近办事，所以决定下班后去接男朋友，给他一个惊喜。她就在他上班的大厦对面的咖啡屋打他的手机，告诉他，晚上和他一起吃饭，但没说就在他楼下。

这时，她男友说他不在单位，正在和客户吃饭应酬，晚上会晚点回去。结果雯雯便到附近的一家湘菜馆里一个人点了份菜。

谁想她一眼就看到了男朋友和一个女人正在里面共进烛光晚餐。当时的一刹那，雯雯觉得有点蒙了，一股怒气直冲上来，气得她都有些站不稳。本想走过去问个究竟的她，突然想起遇事要冷静的告诫。于是，决定按兵不动，以观其态。

最后，雯雯用理智战胜了自己，在自己的心理暗示下，终了平静下来，她觉得男朋友应该不会背叛自己，一定是有原因的。这样想着怒气就消了一半，最后又悄悄地把男友那桌的账一并结了，让他有个心理准备，然后回家再问。

男友回来后，雯雯试探地说："今天吃饭是不是有人替你买单了啊？"男友很疑惑地说："是的，你怎么知道……噢，原来是你。"男友恍然大悟。紧接着，又开始解释："那是以前一个追求过我的女同学，明天就要离开这个城市了，非要和我吃最后一顿饭，我不答应也不好。但我怕直接告诉你你会生气，于是就……"

听了男友的解释，雯雯暗自庆幸自己没有一时冲动做出傻事来。愤怒的情绪人人都会有，任何时候都要让自己去主宰自己的情绪，只有这样，事情才能办好。

让愤怒的情绪爆发出来，只会使事情变得更加糟糕。它可以让原来认为你温文尔雅的人一下子改变对你的印象。这种情况下，事后你可能

会觉得后悔，但是世界上是没有后悔药可吃的。因此我们应该学会控制自己，学会尽量不发火而把事情解决好。那么如何在一些不愉快的场景中迅速地控制自己的情绪呢？

（1）语言暗示法。

在情绪激动时，自己在心里默念或轻声警告"冷静些"、"不要发火"等词句，抑制自己的情绪，也可以做成小纸条放在自己的包里、办公桌或是床头。

（2）转移注意。

在受到令人发怒的刺激时，大脑会产生一个强烈的兴奋灶，这时如果你能主动地在大脑皮层里建立另一个"兴奋灶"，用它去抵抗或削弱愤怒，就会使怒气平息。最好的办法就是暂时离开引发情绪的环境和有关的人或物。

（3）嘲笑自己。

用寓意深长的语言、表情或是动作，机智巧妙地表达自己。你可以自己嘲笑自己："我这是怎么啦？怎么像个 3 岁小孩子似的。"

（4）回忆愉快的事情。

当不愉快的事情发生时，应该尽量多想些与眼前不愉快体验相关的过去曾经发生的愉快事情。

（5）站在他人的角度想问题。

站在他人的角度想问题，也就容易理解对方的观点和行为。在多数情况下，一旦将心比心，你的满腔怒气就会烟消云散。

有人说，40 岁女人是善变的动物，40 岁女人总是很情绪化，总是在事情发生过后才会发现。殊不知，这种不易自知的情绪随时会把你带进天堂或地狱。有理智的 40 岁女人往往能有效地察觉出自己的情绪状态，理解情绪所传达的意义，找出某种情绪和心境产生的原因，并对自我情绪做出必要的恰当的调节，始终保持良好的情绪状态。

自如应付同性的嫉妒

经常听到这样的话："嫉妒是女人的天性。"虽然这句话听起来有些偏激，但是，有一点女士们不得不承认，在竞争激烈的办公室里，女同事之间很容易因为各种事情而产生嫉妒。也许我们可以克制自己不去嫉妒别人，但是不能保证别人就不嫉妒我们。

职场中，如果你是一个非常出众的 40 岁女人，那么你一定会感受到来自于身边同性的强烈嫉妒。她们嫉妒的范围很广，包括你的职位、工作能力、上司对你的赏识、你的外貌、衣着乃至你的家庭状况。虽然嫉妒并不会给你带来直接的危害，却会为你埋下失利的种子。因此，当女士们在办公室遇到同性的嫉妒时，一定不要立即还击或是置之不理，而应当巧妙地应付她们，甚至将她们变成你的朋友。

那么，如何应对同性的嫉妒呢？可以采取以下三种方法。

（1）与对方共享美丽。

爱美是女人的天性，这也就使得女人天生对美就有很强烈的执着。因此，女性最容易引起同性嫉妒的地方就是外在的美貌。也许你的女性同事可以容忍你的职位比她高、薪水比她多、能力比她强，但绝对不能容忍你比她美丽，成为办公室的焦点。虽然外貌、仪表、风度在很大程度上与能否得到更好的工作机会没什么关联，但几乎所有女性都无一例外地对比自己漂亮、着装比自己迷人的女人怀有"敌意"。

陈芳今天第一天上班，与同事们接触的时候处处都显得十分小心，因为在这之前，有人曾经告诫过她，办公室的生活是非常复杂的。为了能够给同事留下好印象，她还特意打扮了一番，化了淡淡的妆，又配上

了一条漂亮的连衣裙，加上陈芳本来就天生丽质，因此显得十分漂亮出众。陈芳本以为自己一定可以很快融入新的工作生活中，可不想单位里的女同事没有一个愿意理睬她，肯跟她接近的反而是那些男同事们。陈芳不明白，难道自己就真的那么让人讨厌吗？虽然她尽全力地和每一位女同事接触，但似乎她们都对她怀有敌意。其中有一位女同事还挖苦道："怎么？第一天上班就打扮得这么漂亮？这有什么用，我们工作是靠能力的，不要以为打扮得漂亮点就能引起老板的注意。"陈芳觉得很委屈，因为她从来没有这样想过。

事实上，虽然女性很容易对同性的美产生嫉妒，但她们更渴望得到对方的赞美。因此，女士们在面对同事对你的"美"的嫉妒的时候，不妨忍痛割爱，将自己的美"分出"一部分给对方。这样一来，一定可以获得同事的好感，从而拉近与她们的距离。

于是，陈芳第二天上班的时候，主动和其他女同事打招呼，并且将自己穿衣搭配的技巧、美容的方法等全都告诉给了她们。这一招果然有效，那些女同事一个个听得津津有味，纷纷向陈芳提出问题，并且表示希望陈芳以后能多教她们点这方面的知识。如今，陈芳已经成为办公室中最受欢迎的人了。

（2）主动示弱，浇灭对方的妒火。

如果没有"美"的资本，那么在工作中，最容易惹同性嫉妒的恐怕就是你所取得的成绩了。事实上，这种嫉妒心理是男人和女人都有的。试想一下，在同一个办公室，做同样的工作，凭什么你就要比她们的薪水高？凭什么你就得到晋升的机会？

因此，你在工作上所取得的成就难免会让你的同性同事嫉妒你，特别是那些年龄比你大、入行比你早，且资历比你深的人。在她们看来，晋升机会本来就该属于她们，而你一定是通过耍什么"阴谋诡计"才得到的。

面对这种情况，女士们该如何处理呢？有些女士会非常生气，因为她知道自己是凭借努力才取得今天的成绩的。因此，她对这种嫉妒非常厌恶，决定采用沉默来回应。其实，女士们大可不必动气。

美国加州大学心理学教授卢克尔斯·庞德曾经说："很多时候，嫉妒其实是一种很可怜的心理。拥有这种心理的人往往是因为'自己的东西'被别人抢走了，所以内心感到很失落，进而产生嫉妒。其实，应对这种嫉妒的方法很简单，那就是找一些你不如他的地方，让他把心思放在那上面。这样一来，原本失衡的心理变得平衡，就消除了嫉妒心理。"

这种示弱的做法，事实上是让你的女同事们觉得其实你也是很难的，有些地方不如她们。而且你还必须老老实实低调地做人，那么，就会让那些嫉妒者感到心理上的平衡，使她们对你产生一种同情心理，从而消除她们的嫉妒心。

其实，所有的嫉妒都是在名和利的基础上产生的。很多时候，一些女士之所以会招来同性同事的嫉妒，很大程度上是因为她们对自己的利益过分看重，总是在工作中追求太多的利益。

因此，同事们就会对她们的这种做法感到很反感。再加上同事的利益也被她们剥夺或占有，因此不免产生出嫉妒来。

老实说，这些在工作上所谓的名利并不一定就会给女士们带来很多的好处，相反会招来同事们的嫉妒。由于她们嫉妒你，所以就必然疏远你、仇视你，久而久之，紧张的办公室气氛会让你觉得身心疲惫，并且失去良好的人际关系。

其实，应对这种嫉妒有一个小窍门，那就是满足对方获得名利的心理。女士们不妨从自己获得的名利中，挑选出那些细小的、对自己前途没什么大影响的好处，然后谦让地将这些东西分给其他同事。其中，要特别注意的是，当你所在的部门获得了某一特殊荣誉时，千万不要将它

据为己有，而是要大方地分配给每一个人。虽然荣誉没有什么实在的意义，但是可以满足所有人的心理。

女士们，当嫉妒发生在你身上时，不要慌张，只要你找到对方嫉妒你的原因，并对症下药，那么就一定可以圆满地解决。

女人的嫉妒心理往往发生在工作及社交中双方及多方之间，因此要尊重并乐于帮助他人，尤其是自己的对手。注意自己的性格修养，这样不但可以克服自己的嫉妒心理，而且可使自己免受或少受嫉妒的伤害，同时还可以与同事、朋友建立较为和谐的关系。自己在感受到生活愉悦的同时，事业也更加容易成功。

六　放下是一种境界

　　爱情、家庭、事业，女人到了40岁的时候，围绕在你身边的种种，是不是早已成为枷锁牢牢地把你困住？该放下的统统放下，无论是对爱人的他还是自己的子女，又或者是同事、朋友，用一颗平常心，不多求，不奢求，看似亏待自己，实际上是给自己一颗放飞的心。

不要为打翻的牛奶哭泣

一般来说，40 岁女人大都多愁善感、感情细腻，而在现实生活中又存在着许许多多的不如意，所以许多 40 岁女人经常会产生忧虑、悲伤、抑郁、不开心等低落情绪。这些不仅会影响到一个 40 岁女人的魅力，而且还会影响一个 40 岁女人的追求，使成功渐渐远离她。

轻度的忧郁，一般没有什么大碍，只要能够及时沟通调整就可以了。但是如果不及时调整自己的心态，这种低落的情绪就有可能持续几个星期、几个月，甚至是几年的时间。这时就不再是轻度忧郁了，而是严重的长期忧郁。据心理学家分析，长期的忧郁其危害性是很大的，可能会出现失眠、恐惧、偏执、强迫行为、惊慌失措等症状；如果一直都是这样的话，将会对人的身心造成巨大的伤害。

一个人在精神上受了极大的挫折或感到沮丧时，需要暂时的安慰。在这个时候，她往往无心思考其他任何问题。当女人受到了极大痛苦后，她竟会决定去嫁给自己并不真心爱着的男子，这就是一个很好的例子。

有很多女人在感受着深度的刺激和痛苦时，她们竟会想到自杀。虽然她们明明知道，所受的痛苦是暂时的，以后必然能从中解脱出来。因此，当身体或心灵受着极大痛苦时，她们往往就失掉了正确的见解，也不会做出正确的判断。

所以女人在希望彻底断绝、精神极度沮丧的时候，要做一个乐观者，仍然能够善用理智，这虽是一件很难的事情，但就是在这样的环境里，才能真正地显示我们究竟是怎样的人。

当然，当一个人陷入沮丧的境地时，他的亲朋好友经常会劝他说："不要担心，一切都会好的。"但是，这时说这样的话是根本无济于事的。他已经深深地陷入伤心、失望和不能自拔的沮丧抑郁当中。

44岁的小李，是某公司职员，患有忧郁症，她总是贬低自己、谴责自己。她经常想起小时候到邻居家的花园里"偷"人家的花，还经常弄坏小朋友的玩具，为此，她就觉得自己是不是在小时候就是一个不听话的坏孩子。

最近她又在为妈妈的脚摔伤了而自责不已。上个早期，她跟妈妈一起出去，她去买水，结果回来时妈妈的钱包被人盗走了。妈妈在追小偷的过程中，摔了一跤扭伤了脚。为此，她非常自责，在她看来，这都是由于她的错误。要是她事先带水的话，要是她不走那么远的话，要是她走得更快一点……她在心里不停地要是、假设，越想越觉得自己是罪大恶极，这就是典型的忧郁症的表现，小李并不只在这一两件事上这样，她对所有的事情都这样，认为什么事都与自己有关，虽然大家都不这样认为，但是她觉得是这样的，似乎自己只有一死才能谢罪天下。

一旦自己得了忧郁症，就要尽快调整。经过一段时间之后就会走出消沉。但是也有一些女人因方法不对而适得其反，使自己更加悲伤。所以，下面的方法可能会给你一些启示：

第一，让自己行动起来。可以把自己每天从起床到熄灯要做的事情写下来，吃饭、洗澡也包括在内。

第二，得到自我认可。你也可以想办法从某一方面帮助别人，这样你就会与他人接触，并同时感受到一种自我价值的实现，这也是一种积极有效的办法。

第三，可以听一听音乐。先听一段与你目前情绪较吻合的忧伤的曲子，然后逐渐改为欢快的曲子，直到让自己的情绪也随着乐曲逐渐欢快起来。或是穿一件颜色鲜艳的衣服，把自己打扮得漂漂亮亮，让自己振

奋一下心情。

第四，当有重大的、不可避免的坏事情发生时，一定要保持心理的平静，以平和的心态去勇敢地接受最坏的情况。最后再把自己的时间和精力拿出来，试着改善在心里已经接受的那种最坏的情况。

第五，研究证明，人们的行为可以在一定程度上决定人们的心绪。因此，专家建议：走路要步伐轻快，尽量不要拖拉着脚跟；要昂首挺胸，不要低头含胸；要笑口常开，不要愁眉苦脸，哪怕是假笑也可以对付忧伤。

女人是个感性动物，所以在感到沮丧的时候，千万不要着手解决重要的问题，也不要对影响自己一生的大事作什么决断，因为那种沮丧的心情会使你的决策陷入歧途。

40 岁都市白领女人的减压策略

作为一名 40 岁的都市白领女人，你的头上罩着一圈圈的耀眼光环，年轻、有"钱"途，一切似乎都非常美好。然而你却被沉重的压力困扰着，备感疲惫，这个时候，你就应该注意给自己减压了，只有减掉沉重的压力，你才能够轻松迎接各种挑战。

首先，我们来看一下压力到底是怎样产生的：

（1）工作狂：一般人正常工作时间为 8~10 个小时，此为人体健康负荷量。如果长期工作 12 个小时以上，就会对人体产生压力。

（2）极度失落：每个人的一生中，总是会遭遇许许多多的不如意，并不是每个人都具备足够的解决能力，因而会产生失落感。由失落感所衍生的情绪反应，会使人产生悲观、失望、没有信心，甚至愤世嫉俗的心态。事业的压力对白领女人危害最大。经受不住这种压力，往往会有失落感，也就是人们常说的"灰色心理"。

（3）难耐高压：白领的性格和时代的特征联姻，孕育出了竞争。长期处在白热化竞争的气氛中，会使40岁女人心情极度紧张、苦闷和失望，致使情绪低落。当不堪忍受这种超负荷的精神压力时，往往就不能把握自己而失去自控力。

（4）家庭危机：工作环境、社会环境以及家庭成员之间的价值取舍、感情投向都可能蕴蓄和引发家庭危机。即使在没有冲突理由的情况下，压力也会通过家庭降临到你头上。这使许多白领女人终日郁郁寡欢、闷闷不乐，有时又心情焦躁、心烦意乱。

（5）疾病打击：疾病最容易使人思想消沉，有时还会失去生活的信心。疾病的压力来自于失去健康身体的忧患，失去康复信心。

（6）贪欲过高：如果对金钱、财富之类心存过高欲望，那就是贪心，使你轻松的大脑神经长期紧张，正常的心脏运动加快，产生一种与正常生理机能不协调的节拍，就会伤脑、伤神、伤体。

那么怎样才能减轻自己的心理压力呢？

（1）休息片刻，呼吸一下新鲜空气。一天中多进行几次短暂的休息，做做深呼吸，呼吸一下新鲜空气，可以使你放松大脑，防止压力情绪的形成。千万不要放任压力情绪的发展，不能使这种情绪在一天工作结束时升级成能压倒你的工作压力。

（2）转移并释放压力。做一下体育运动，体育运动能使你很好地发泄，运动完之后你会感到很轻松，不知不觉间就可以把压力释放出去。

（3）随它去。判断一下你能控制和不能控制的事情，然后把事情分开，归为两类，并列出清单。开始一天的工作时，首先为自己约定，不管是工作中的还是生活中的事情，只要是自己不能控制的就由它去，

不要过多地考虑，给自己增添无谓的压力。

（4）自我鼓励。对所有的出色工作都记录在案，并时不时查阅一下，一来总结经验，二来替自己寻找自信。制订一些短期计划，使自己能得心应手地完成它们。

（5）脸皮厚点。不要把受到的批评个人化，更不要把大会上上司批评的普遍问题硬往自己头上安，即使自己受到反面的评论时，你也要把它当成是能够改进工作的建设性批评。

（6）分散压力。可能的话把工作进行分摊或是委派给他人，以减小工作强度。千万不要认为你是唯一一个能够做好这项工作的人，否则就可能把所有工作都加到你的身上，工作强度就要大大增加了。

（7）不要把工作当成一切。当你的大脑一天到晚都在想工作的时候，工作压力就形成了。这时要分出一些时间给家庭、朋友、嗜好等，适当的娱乐是处理压力的关键。

（8）换一下环境。厌倦情绪是形成工作压力的罪魁祸首之一。如果你十分讨厌工作或工作结束时感到筋疲力尽，如果工作中你没有感到有一种向上的动力促使你增进自己的业务技能，那还是趁早换一个对你来说更有意思的工作吧！

（9）正确地评价自己。永远保持一颗平常心，不要与自己过不去，把目标定得高不可攀，凡事需量力而行，随时调整目标未必是弱者的行为。

（10）处理好事业与家庭的关系。家庭的和睦与事业的成功绝非水火不容，它们的关系是互动的，"家和万事兴"，无力"齐家"，恐怕也无力"平天下"。

（11）面对压力要有心理准备。要充分认识到现代社会的高效率必然带来高竞争性和高挑战性，对于由此产生的某些负面影响要有足够心理准备，免得临时惊慌失措，加重压力。同时心态要保持积极、乐观豁达，不为逆境而心事重重。

（12）要培养自己有一个宽广豁达的胸怀。与人为善，大事清楚小事糊涂。郑板桥一句"难得糊涂"传诵至今，就是因为其中道出了人生至理。

（13）丰富个人业余生活，发展个人爱好。生活情趣往往让人心情舒畅，绘画、书法、下棋、运动、娱乐等能给人增添许多生活乐趣，调节生活节奏，从单调紧张的氛围中摆脱出来，走向欢快和轻松。

一个人所能承受的压力其实是非常有限的，所以在压力过大时就一定要采取措施缓解压力，不要因为压力过大而被压垮。

抛下重负开始减法生活

最近几年，都市里开始流行减法生活，所谓的减法生活就是把生活尽量简单化，因为不停地追逐，不断地索取已经让人喘不过气来了，是该抛下重负，回归简单的时候了。

一位40岁的成功女人对朋友说："我觉得很累，生活真没劲！刚毕业的时候，什么都没有，却很快乐。现在什么都有了，快乐却没了！"这位女士说出了很多同龄人的心声。生活就是这么矛盾，好像拥有的越多，心就越疲惫，既然如此，为什么不让自己生活的简单一点，让你的心自由一点呢？

所说的简单生活，应该有两个方面的含义。一个是我们可以利用简单的工具，完成我们的工作，像狗一样，直线扑击兔子。另一个就是我们的生活态度可以简单一些，可以单纯一些，主要是对物质的要求简单一些，就是像狗一样，有根骨头啃啃就足矣，而把更好的心情和体验留

给大自然，留给自己的心性和自己真正想要的生活。

这个世界本来就是多极的，有人喜欢奢华而复杂的生活，有人喜欢简单甚至是返璞归真的生活。当人性中的浮躁逐渐被时间消解了的时候，人们似乎更喜欢简单的生活，这是一种趋势。于是，我们可以看到中国大陆首富刘永行只穿 30 元一件的衬衫。

衣食住行一直是人们企图高度满足的四个方面。只是眼下无论在西方，还是在东方，总有一些人，不仅对物质的要求变得简单，住简单而舒适的房子，开着简单而环保的车……而且处理现实的工作时，也在追逐简单而实用的方式，用现代科技带给现代人的简单工具，"修改"着自己的工作和生活。出门带着各种银行卡，走到哪里刷到哪里，揣着薄薄的笔记本电脑，走到哪里工作到哪里，甚至在厕所里也可以打开电脑处理一些日常工作……并从这些简单中得到无限的乐趣。

不过，人们为了追求简单的生活，往往会付出很大的代价。首先，是精神上或观念上的代价。中国改革开放 20 多年来，一些人突然富有起来，但是富起来的人面对眼花缭乱的财富时，就有点手足失措，有些人竭力去追求奢华，似乎想把过去贫困时期的历史欠账找回来。社会学家对这一时期"奢华"的解释是，中国人过去太穷了，"暴吃一顿"也算是一种心理补偿。每个正在发达的社会都会有这一阶段，就是暴发户被大量批发出来的阶段，是一个失去了很多理性的阶段。到了现在，社会理性逐渐恢复，人们对生活和消费也逐渐变得理性。追求简单的生活方式，就是一些为了格调而放弃奢华的人的重新选择。

另一个代价就是人们在技术上的投入代价。为了满足人们日益追求简单生活的需求，那些抓住一切机会创造财富的商人们都付出了极大的开发成本。如电脑厂商把电脑做得越来越小，这种薄小是需要付出较大研发成本的。

很多看起来简单的东西都是人们花费了很多心血折腾出来的。是这些人的心血让我们的生活变得简单而开阔。

　　节奏紧张的现代社会，各种各样的压力让人苦不堪言。像"我懒我快乐"、"人生得意须尽懒"等"新懒人"主张的出现，就一点不奇怪了。"新懒人主义"本着简洁的理念、率真的态度，从容面对生活，探究删繁就简、去芜存菁的生活与工作技巧。

　　一本《懒人长寿》的国外畅销书说，要想获得健康、成就与长久的能力，必须改变"不要懒惰"的想法，鉴于压力有害健康，应该鼓励人们放松、睡点懒觉、少吃一些等。其主要观点是，"懒惰乃节省生命能量之本"。我们以为，这不但是养生观念，更是成功理念。

　　"我懒我快乐"的懒人哲学，即使无力改变这劳碌社会的不理智、不健康倾向，起码亮出了一份鲜明有个性的态度——懒人控制不了整个社会，却能控制自己的欲望。古人说："从静中观动物，向闲处看人忙，才得超凡脱俗的趣味；遇忙处会偷闲，处闹中能取静，便是安身立命的功夫。"

　　当你渐渐长大的时候，你很羡慕你母亲结婚时的那套瓷器。那套瓷器放在玻璃橱里，只有擦灰时才拿出来。"总有一天这些都会成为你的。"母亲说。在你新婚时，母亲把那套精美的瓷器送给了你，但你已不想要那些东西了，因为它们须得小心照料才行。于是，你把这瓷器转送给你的朋友，她们高兴极了，你呢，则省掉了一堆活计。

　　我把这故事告诉一个邻居，他说："你正好给我出了个好主意！"第二天他拿了把铁锹，去挖屋前面的草地。我不相信自己的眼睛："这些草你要挖掉吗？它们是多么难得，而你又花了多少心血啊！"

　　"是的，问题就在这里。"他说，"每年春天要为它施肥、松土，夏天又要浇水、剪割，秋天要再播种。这草地一年要花去我几百个小时，谁会用得着呢？"现在，他把原先的草地变成了一片绿油油的山桃，春天里露出张张逗人爱的小脸。这山桃花用不了多大精力来管理，使他可

187

以空出身子干些他真正乐意干的事情。

把要你负责的事情分成许多容易做到的小事，然后，把其中一部分委托给别人。

去除那些对你是负担的东西，停止做那些你已觉得无味的事情。这样你就可以拥有更多的时间、更多的自由，在简单的生活中找到属于你的快乐。

既要拿得起，也要放得下

风云变幻，世事无常。由于许多"不可抗力"和无法预料的因素，多少希望因此化成失望，多少快乐转眼成为悲伤。如果我们事事计较，总是怨天尤人，那人生将是何其的沉重？

男人都说"怨妇猛于虎"，说的就是那些遇到挫折和不满"拿得到放不下"的女人。

女人含嗔带怨的幽怨就像古代闺怨体诗词，让男人顿生怜香惜玉之意。然而，一旦看什么都不顺眼，有什么都不称心，幽怨过了头，那到最后伤得最重的还是自己。

就有一些这样的女人，她们看世界永远看最糟糕的一面，想问题永远想最难解的症结，别人可以一笑了之的事情，在她们那里，就是天塌下来的大事。从社会风气到生活环境，从家庭纠纷到同事朋友的纷争，从马路塞车到刚买的衣服打了折云云，无事不可生怨。

心生怨气，不仅拿别人的错误折磨自己，同时也拿自己的错误折磨别人，扰乱别人的生命节拍。抱怨太多，不仅会吞噬自己的生命之光，还会吞没友谊的绿树，吞灭爱情的鲜花，吞没自己建造的乐园。无穷的抱怨，把快乐摒之门外，错过了身边的时光，辜负了宝贵的生命。

怨妇的主要症结是对生命和生活缺乏感恩之心。想一想人生多么短暂，生命那么宝贵，还有什么理由为生活中的一地鸡毛而怨恨呢？生活是那样的多彩，即使有酷夏也会有阳春，即使有寒冬也会有金秋，相信走运和倒霉都不可能持续很久，何必要杞人忧天、坐困愁城呢？

再说，抱怨昨天，并不能改变过去；抱怨明天，同样不能帮助未来。与其徒劳无益地浪费时间，不如转变心态，寄放忧愁，化解怨气，采取积极的行动，做一些行之有效的努力。要知道影响人生的绝不仅仅是环境，心态控制了个人的行动和思想，心态也决定了自己的爱情和家庭、事业和成就。

我国唐代著名医药家、养生学家孙思邈，享年 102 岁。他在论述养生良方时说："养生之道，常欲小劳，但莫大疲……莫忧思，莫大怒，莫悲愁，莫大惧……勿把愤恨耿耿于怀。"他指出这些心理负担都有损于健康和寿命。事实也是如此，有的女人之所以感到生活得很累，无精打采，未老先衰，就因为习惯于将一些事情吊在心里放不下来，结果在心里刻上一条又一条"皱纹"，把"心"折腾得劳而又老。

辨证论治，对症下药，对于那些肚量狭小的女人，最简单可行的方法就是"放得下"。

刚出道时的刘嘉玲曾经被人歧视，被人拒之千里。就因为"以前我的广东话说不好，被人说是'大陆妹'"。在香港娱乐圈里，"大陆妹"的称号会让人失去很多。所以，她的事业失败过，感情上受到打击，生活上经历了不幸。刘嘉玲说曾听到的嘘声多过掌声，挑剔多过赞赏。导演不看好她，同期出道的女星拿了无数影后称号后，她才以《阿飞正传》在法国拿了个影后。如果没有王家卫，刘嘉玲也许还在默默无闻地演些"俗片"；和梁朝伟的爱情马拉松，更是别人指指点点的对象，分分合合很多次。在习惯了人们的说三道四后，她选择了低调，

没想到十几年前的"裸照"竟然被公开。

作个简单的换位思考，如果你是她会怎样？我想一定会哭都哭不出来，然后手足无措……可是刘嘉玲却没有，她勇敢地承认了照片上的女星正是自己。这样的勇气让圈里圈外的人都对她由衷地佩服和欣赏。"当一个人的生命受到威胁的时候，每个人都会本能地面对并解决它，我并不是特别坚强，我只是幸运，我就好像是一朵向日葵，阴影永远在背后，我的脸向着阳光，我看每一件事都会用最简单的方法去解决复杂的问题，不过我的智慧仍然有限，仍需要吸收知识。"以前的骂声、绯闻在此刻灰飞烟灭。刘嘉玲的坚强赢得了大家的掌声，面对困难，她不是躲避退缩，而是勇敢地面对。她的形象不但没有受损，反而得到了更多人的欣赏。

是的，人生不可能一帆风顺，所以，自从你有自我意识的那一刻起，你就要有一个明确的认识，那就是人的一辈子必定有风有浪，绝对不可能日日是好日、年年是好年。所以当你遇到挫折时，不要觉得惊讶和沮丧，反而应该视为当然，然后冷静地处理，潇洒地放下。

就像宋朝女词人李清照所说的："才下眉头，却上心头。"拿得起而放不下可说是妨害健康的"常见病，多发病"。狄更斯说："苦苦地去做根本就办不到的事情，会带来混乱和苦恼。"泰戈尔说："世界上的事情最好是一笑了之，不必用眼泪去冲洗。"如果能对所有的忧虑和哀愁放得下，那就可称是幸福的"放"，因为没有忧虑和哀愁确是一种幸福。

最后想引用一句中国古人的话："宠辱不惊，看庭前花开花落；去留无意，望天上云卷云舒。"让我们在"放得下"的意境中寻求幸福的真谛，共享人生无限广阔的天地。

40 岁女人拥有不在乎的资格

人为什么会活得累？就是因为对一些乱七八糟的事太在乎了，担心这个、害怕那个，结果弄得自己疲惫不堪。其实你才 40 岁，刚走到岁月中途，不要对什么都太在乎，你还有潇洒的权利。

（1）你不必在乎离婚。

不是不在乎，是一切还来得及。一位 40 岁的女人与老公结婚 11 年，冷战 6 年，终于离婚。她说："如果说后来不愿意离婚是为了孩子，当他第一次提出离婚时我没有同意，现在想来真不知道为什么。如果那个时候早分手，我的生活绝不会是今天这个样子。不过现在再重新开始，应该也还来得及。"

（2）漂泊。

漂泊不是一种不幸，而是一种自在的享受。趁着没有家室拖累，趁着身体健康，此时不漂何时漂？当然，漂泊的不一定是身体，也许只是幻想和梦境。新时代的女性是漂的一代，渴望漂泊的人唯一不漂的是那颗心。即使 40 岁又有何不可？

（3）失业。

40 岁以前就尝到失业的滋味当然是一件不幸的事，但不一定是坏事。40 岁之前就过早地固定在一个职业上终此一生也许才是最大的不幸。失业也许让你想起埋藏很久而尘封的梦想，也许会唤醒连你自己都从不知道的潜能。也许你本来就没什么梦想，这时候也会逼着你去做梦、去寻梦。

191

（4）时尚。

不要追赶时尚。按说青年人应该是最时尚的，但是独立思考和个性生活更重要。在这个物质社会，其实对时尚的追求早已经成为对金钱的追求。今天，时尚是物欲和世俗的同义语。

（5）格调。

格调是属于小资的东西，"小资"这个词又开始流行，追求格调是她们的专利。小资们说，有格调要满足四大要件：智慧、素养、自信和金钱。格调就是把"高尚"理解成穿着、气质、爱好的品位和室内装潢。主流观念倒不是非要另类，另类已经成为年轻人观念的主流了，在今天，土气倒显得另类。关键是当今社会是一个创造观念的时代，而不是一个固守陈旧观念的时代。

（6）评价。

我们最不应该做出的牺牲就是因为别人的评价而改变自我，因为那些对你指手画脚的人自己也不知道他们遵从的规则是什么。千万不要只遵从规矩做事，规矩还在创造之中，要根据自己的判断做每一件事，虽然这样会麻烦一点。

（7）幼稚。

不要怕人说我们幼稚，这正说明你还年轻，还充满活力。"成熟"是个吓人的词儿，还是个害人的词儿。成熟和幼稚是对一个人最不负责任、最没用的概括。那些庸人，绝不会有人说他们幼稚。不信，到哪天你被生活压得老气横秋、暮气沉沉的时候，人们一定会说你成熟了，你就会知道"成熟"是个什么东西。

（8）不习惯。

年轻人的字典里没有"不习惯"这三个字。在一首摇滚里有这么一句："这个城市改变了我，这个城市不需要我。"不要盲目地适应你生存的环境，因为很可能这环境自身已经不适应这个社会的发展了。

（9）失败。

一位哲人曾经说过，一个人起码要在感情上失恋一次，在事业上失败一次，在选择上失误一次，才能长大。不要说失败是成功之母那样的老话，失败来得越早越好，要是 50 岁之后再经历失败，有些事，很可能就来不及了。犯低级的错误，那是年轻人的专利。

（10）肤浅。

如果每看一次《蓝色生死恋》就流一次眼泪，每看一次《功夫》就笑得直不起腰，就会有人笑你浅薄。其实那只能说明你的神经依旧非常敏锐，对哪怕非常微弱的刺激都会迅速做出适当的反应；等你的感觉迟钝了，人们就会说你深沉了。

（11）追星。

不是不必在乎，是不能在乎。明星在商品社会是一种消费品，花了钱，听了歌，看了电影，明星们的表现再好，不过是物超所值而已，也不值得崇拜呀！就像你在地摊上花 60 块钱买的裙子，别人都猜是 600 块钱买的，物超所值了吧？你就崇拜上这条裙子了？

（12）代价。

不是不计代价，而是要明白做任何事都要付出代价。对我们这个年龄的人来说，这绝不是一句废话。否则，要到 40 岁的时候才会明白自己曾经付出了多少代价，却不明白为什么付出，更不明白自己得到了多少，得到了什么。

（13）失意。

包括感情上的，事业上的，也许仅仅是今天花了冤枉钱没买到可心的东西，朋友家高朋满座自己却插不上一句话。过分在乎失意的感受不是拿命运的不公来捉弄自己，就是拿别人的错误来惩罚自己。

（14）缺陷。

也许你个子矮，也许你长得不好看，也许你的嗓音像唐老鸭……那

么你的优势就是你不会被自己表面的浅薄的"亮点"所耽搁，少花一些时间，少走一些弯路，直接发现你内在的优势，直接挖掘自己深层的潜能。

（15）误会。

如果出于恶意，那么解释也没有用；如果出于善意，就不需要解释。常说到"误会"倒不是因为一个人在 40 岁之前被人误会的时候更多，而是这个年龄的人想不开的时候更多。

（16）谣言。

这是一种传染病，沉默是最好的疫苗。除非你能找出传染源，否则解释恰恰会成为病毒传播最理想的条件。

（17）疯狂。

这是年轻人最好的心理调适，只能说明你精力旺盛，身心健康。说你"疯狂"是某些生活压抑、心力交瘁的中老年人恶意的评价，他们就像一部年久失修的机器，最需要调适，但只能微调，一次大修就会让他们完全报废。

（18）稳定。

40 岁之前就在乎稳定的生活，那只有两种可能，要么是中了彩票，要么就是未老先衰。

（19）压力。

中年人能够承受多大压力，检验的是他的韧性；40 岁的你能承受多大压力，焕发的是你的潜能。

（20）出国。

也许是个机会，也许是个陷阱。除非从考大学的那一刻你就抱着这个目标，否则，40 岁的你对待出国的态度应该像对待爱情一样，努力争取，成败随缘。

（21）薪水。

只要是给人打工，薪水再高也高不到哪儿去。所以在 40 岁之前，机会远比金钱重要，事业远比金钱重要，将来远比金钱重要。对大多数人来说，40 岁之前干事业的首要目标绝不是挣钱，而是挣未来。

（22）存款。

机会这么多，条件这么好，可以拿钱去按揭，做今天的事，花明天的钱；也可以拿钱去投资，拿钱去"充电"。钱只有在它流通的过程中才是钱，否则只是一沓世界上质量最好的废纸，而且在"通货膨胀"中还有被吃掉的危险。

（23）房子。

除非你买房子是为了升值，要么就是你结婚了。有个女人家在外地，大学毕业之后，单位没有宿舍，父母很疼她就给她买了一套房子。她曾经有过去上海工作的机会，但是她觉得刚买了房子就离开这座城市说不过去，就放弃了。到现在她工作稳定，但一事无成，唯一的成就就是结婚了，并且有了孩子。因为她觉得不该让这房子永远空着，所以房子变成了家。房子是都市生活的寓言，这个寓言不应该过早地和我们相关。

（24）年龄。

这是女人最在乎的问题，男人是"40 一枝花"，他们到了 40 岁依旧抢手，但女人就不一样了，一跨过 40 岁的门槛就对年龄分外敏感，明明 40 岁，偏要说自己是 38 岁，其实这又何必呢，看看赵雅芝、巩俐、关之琳，人过 40 岁依旧风情万种，这几位大美女都能坦然面对自己的年龄，40 岁的你又怕什么呢？

不在乎是一种"拿得起，放得下"的心态，是一种"宠辱不惊，去留无意"的潇洒，只要你学会用"不在乎"来增强自己的心理弹性，就可以活得气定神闲。

苛求完美其实是一种病态

生活中见到过有很多 40 岁女人是完美主义者，她们希望自己所拥有的一切都是完美无缺的，但是世界上哪有十全十美的事情？于是她们只能在不完美里哀叹，给原本美丽的容颜蒙上了一层冷霜。

在佛教的《百喻经》中，有这样一则故事。在印度有一位先生娶了一个体态婀娜、面貌艳丽的太太，两人恩恩爱爱，是人人称羡的神仙美眷。这个太太眉清目秀，性情温和，美中不足的是长了个酒糟鼻子。这就好像失职的艺术家，对于一件原本足以称傲于世间的艺术精品，少雕刻了几刀，显得非常的突兀怪异。于是这位太太终日对着镜子，一面抚摸着这只丑陋的鼻子，一面唉声叹气，埋怨命运的残忍。

这位丈夫也是看在眼里，痛在心里。一日出外去经商，行经一贩卖奴隶的市场，宽阔的广场上，四周人声鼎沸，争相吆喝出价，抢购奴隶。广场中央站了一个身材单薄、瘦小清癯的女孩子，正以一双汪汪的泪眼，怯生生地环顾着这群如狼似虎、决定她一生命运的大男人。这位丈夫仔细端详女孩子的容貌，突然间，被深深地吸引住了。好极了！这女孩脸上长着一个端端正正的鼻子，于是这位先生决定不计一切，买下她！

这位丈夫以高价买下了长着端正鼻子的女孩子，兴高采烈地带着女孩子日夜兼程赶回家门，想给心爱的妻子一个惊喜。到了家中，把女孩子安顿好之后，用刀子割下女孩子漂亮的鼻子，拿着血淋淋而温热的鼻子，大声疾呼：

"太太！快出来哟！看我给你买回来的最贵重的礼物！"

"什么样贵重的礼物啊？"太太狐疑不解地应声走出来。

"我为你买了个端正美丽的鼻子，你戴上看看。"

丈夫说完，突然出其不备，抽出怀中锋锐的利刃，一刀朝太太的酒糟鼻子砍去。霎时，太太的鼻梁血流如注，酒糟鼻子掉落在地上，丈夫赶忙用双手把端正的鼻子嵌贴在太太的伤口处，但是无论丈夫如何努力，那个漂亮的鼻子始终无法黏在妻子的鼻梁上。

可怜的妻子，既得不到丈夫苦心买回来的端正而美丽的鼻子，又失掉了自己那虽然丑陋，但是货真价实的酒糟鼻子，并且还受到无妄的刀刃创痛。而那位糊涂丈夫的愚昧无知，更是叫人可怜！

追求完美几乎是现代女性的通病，然而不幸的是，有些人以为自己是在追求完美，其实她们才是最可怜的人，因为她们是在追求不完美中的完美，而这种完美，根本不存在。

一位女激励大师曾做了一次演讲，她说有个有洁癖的女孩"因为怕有细菌，竟自备酒精消毒桌面，用棉花细细地擦拭，唯恐有遗漏"。

这位有洁癖的女孩，难道不知道人体表面就布满细菌，比如她自己的手，可能就比桌面脏吗？

"我真想建议她：干脆把桌子烧了最干净！"

在一家餐厅里，也有对母子因为怕椅子脏，而不敢把手袋放在椅子上，但人却坐在椅子上，要上菜时，因为怕手袋占太多桌面，而让菜没地方放，服务员想将手袋放在椅子上，马上被阻止："别忙了，我们有洁癖，怕椅子不干净。"

一旁的客人实在忍不住问："有洁癖还来餐厅吃饭？自己煮不是比较放心吗？"

"吃的东西还不要紧，用的东西我们就比较小心了。"

天哪！这是什么回答！吃的东西不是更该小心的吗？手袋上的细菌会让人致命？还是吃下去的细菌会死人？

一个孩子犯了一个错，母亲不断地指责，因为她要为孩子培养完美的品格，孩子拿出一张白纸，并且在白纸上画了一个黑点，问："妈，你在这张纸上看到了什么？"

"我看到这张纸脏了，它有一个黑点。"母亲说。

"可是它大部分还是白的啊！妈妈，你真是个不完美的人，因为你只会注意不完美的部分。"孩子天真地说。

有位吴女士，是个极正义的人，对于世界上竟有这么多不义的人很痛恨，她一直很想杀光世界上的坏蛋，好让世界完美。

有一天，她突然接到一封上帝的来信，上帝说，这位吴女士也是个坏蛋，因为她的心中从来就没有爱。

要求完美是件好事，但如果过头了，反而比不要求完美更糟。就像我们居住的屋子，永远不可能如展示屋那样整齐干净，如果一味地强求，反而会使居住成为噩梦一般，为了维持干净，难道我们不在马桶上大便吗？

世界上有太多的完美主义者，他们似乎不把事情做到完美就不善罢甘休。而这种人到了最后，大多会变成灰心失望的人。因为人所做的事，本来就不可能有完美的。所以说，完美主义者根本是一开始就在做一个不可能实现的美梦。

他们因为自己的梦想老是不能实现而产生挫折感，就这样形成一个恶性循环，最后让这个完美主义者意志消沉，变成一个消极的人。所以，培养"即使不完美，不上不下也没关系"的想法是相当重要的。

如果你花了许多心血，结果还是泡了汤的话，不妨把这件事暂时丢下不管。如此一来，你就有时间来重整你的思绪，接下来就知道下一步该怎么走了。"既然开始了就要把事情做好"这种想法固然没错，可是如果过于拘泥，那么不管你做些什么都将不会顺利的。因为太过于追求完美，反而会使事情的进行发生困难。

武田信玄是日本战国时代最懂得作战的人，连织田信长也相当怕他，所以在信玄有生之年，他们几乎不曾交过战。而信玄对于胜败的看法实在相当有趣，他的看法是："作战的胜利，胜之五分是为上，胜之七分是为中，胜之十分是为下。"这和完美主义者的想法是完全相反的。他的家臣问他为什么，他说："胜之五分可以激励自己再接再厉，胜之七分将会懈怠，而胜之十分就会生出骄气。"连信玄终身的死敌上杉彬也赞同他这个说法。据说上杉彬曾说过这么一句话："我之所以不及信玄，就在这一点之上。"

实际上，信玄一直贯彻着胜敌六七分的方针。所以他从 16 岁开始，打了 38 年的仗，从来就没有打败过一次。而自己所攻下的领地与城池，也从未被夺回去过。把信玄的这个想法奉为圭臬的是德川家康。如果没有信玄这个非完美主义者的话，德川家族 300 年的历史也不一定存在。要记得，不能忍受不完美的心理，只会给你的人生带来痛苦。

有些人很勉强自己，不愿做弱者，只愿逞强，努力做许多别人期待自己却不愿做的事，这种人，才是真正的弱者。人一对你抱期望，你就怕辜负了人，硬是勉强也要实现承诺，到头来才发现，原来是自己太软弱。

从根本上必须承认的，是自己的心。只有承认软弱，才可能坚强；只有面对人生的不完美，才能创造完美的人生。

荣获奥斯卡最佳纪录片的《跛脚王》，便是叙述脑性麻痹患者丹恩的奋斗故事。丹恩主修艺术，因为无法取得雕刻必修学分，差点不能毕业。在他求学时，有两位教授当着他的面告诉他，他一辈子都当不了艺术家。他喜爱绘画，却因此沮丧得不愿意再画任何人的脸孔。

即便如此，他仍不怨天尤人，努力地与环境共存，乐观地面对人生。他终于大学毕业，而且还是家族里的第一张大学文凭。

"我脑性麻痹，但是我的人不麻痹！"同是脑性麻痹患者，也是联

合国千禧亲善大使的小朋友包锦蓉说。

丹恩说，许多人认为残障代表无用，但对他而言，残障代表的是：奋斗的灵魂。

过于追求完美，你就会陷入无尽的烦恼中；而放弃对完美的苛求，你却可以过上一种富有意义的生活，怎样做对你更好呢？聪明的你一定会做出正确的抉择。

祛除心灵的斑点

女人都知道脸上的斑点让自己难看，抬不起头来，实不知心灵上的斑点，更让自己抬不起头来，那就是心灵上的自卑和嫉妒。实际上，生活中许多40岁女人要比同龄男人更容易自卑，而其中一个最主要的原因就是女人间的这种带着一丝嫉妒的相互注视，它让女人觉得自己永远也没有别人好。许多时候，明知事实未必如此，可总是说服不了自己走出这种没有止境的自我折磨。这样一种永无止境的自我折磨最终只会让自己变成一个喋喋不休、心胸狭窄的女人，痛苦一生，毁灭人生。

是否记起，某个假日的午后，你刚从游泳水池上来，浑身湿漉漉的，你有些累了，但心情很好，你觉得自己充满了活力。突然间，你停住了脚步，一双光洁修长的腿出现在你的视线中。你慢慢抬起头来，看着站在你面前的那个女子。她高挑个子，长发垂及腰际，没有丝毫瑕疵的肌肤散发着一种淡褐色的光泽。她优雅地迈出泳池，轻轻甩一甩头，骄傲地从你面前走过。

天啊！你拼命忍住差点出口的惊叹，但原本饱满的自信就像被刺破的气球迅速地瘪了下去。你下意识地裹紧了身上的浴巾，戒备地遮住了

200

自己身上并不那么完美的曲线……

你的心情跌落到了冰点。为什么她能拥有如此完美的身材？为什么她能随心所欲地穿任何一件衣服？为什么她一举手一投足都那么性感妩媚？还有，为什么你对面的同事总是能得到老板的夸奖，为什么同样一件衣服穿在好友的身上总显得比自己漂亮，为什么当年大学的好友现在都比自己挣钱多……

在某种意义上说，妒忌既是道德上的又是理智上的一种缺陷，它永远看不见事物本身，只看见事物之间的关系。比方说，女人自己挣的工资已经足够花了，本应该感到满足，不过听说另外有个女人，而且知道她一点都不比自己高明到哪里，而挣的工资却是自己的两倍。如果自己是个妒忌心很重的人，自己拥有的东西的满足感刹那间就会消失了，开始为一种不公正感所左右。

正如培根所说："嫉妒这恶魔总是在暗暗地、悄悄地'毁掉人间的好东西'。那么，如何来治疗女人的嫉妒呢？"

对"圣人"来说，可以用无私精神来治疗，尽管即使在圣人身上，对其他圣人表示出妒忌也不是不可能的。而对于普通的女性来说，治疗妒忌的唯一方法即在于幸福，但困难也正在于妒忌本身就是幸福的一大障碍。

中年女人在朋友的面前必须减少妒忌情绪，其原因有以下几点：

（1）直接影响人的情绪和积极奋进精神。

（2）容易使人产生偏见嫉妒，在某种程度上说，嫉妒是与偏见相伴而生、相伴而长的。嫉妒程度上有多大，偏见也就有多大。偏见不仅仅出于一种无知，还出自于某种程度的人格缺陷。

（3）压制和摧残人才。在现实社会生活中，在对人才的评价和使用的过程中，时常受到嫉妒心理的干扰，使得有些人才得不到及时地、合理地使用。有位历史学家曾断言，中国社会自唐代以后开始走下坡

路，一个重要的原因就是嫉贤妒能的现象日趋严重。

（4）影响人际关系。荀况曾经说道："士有妒友，则贤交不亲；君有妒臣，则贤人不至。"嫉妒是人际交往中的心理障碍，它会限制人的交往范围，压抑人的交往热情，甚至能反友为敌。

（5）影响身心健康。妒火中烧而得不到适宜的发泄时，内分泌系统会功能失调，导致心血管或神经系统功能紊乱而影响身心健康。妒忌有如此多的危害，所以，那些爱嫉妒的女性要特别注意消除自己的妒忌心理。

生活中很多中年女人却偏偏都是如此，穷其一生都是把自己的目光集中在别的女人身上，与她们进行着无休无止的比较，从身材到容貌，从工作到家庭，从老公到孩子……比较的过程中夹杂着妒忌，比较的结果是失落与自卑。

这样一种永无止境的自我折磨最终只会让自己变成一个喋喋不休、心胸狭窄的女人，痛苦一生，毁灭人生。那么，如何让自己收回嫉妒而自卑的视线祛除心灵的斑点？

（1）关于身材和容貌。

你可以为自己开列一份长长的清单，将优点和缺点详列其中。如果你固执地认为自己一无是处的话，可以找朋友和熟人聊聊。将这张单子贴在自己的脑海中，告诉自己，自己有的，别人未必有。比如：你有一头飘逸柔顺的长发，那么，婀娜的身姿、雪白的肌肤就不会再伤你的心了。

其实在生活中，绝大多数女人都不是非常欣赏自己的身体。玛丽亚以前就是一个相当不自信的女人，看在眼里的都是别人的优点，总忍不住拿别人的长处和自己的短处比较，于是越比就越没了自信。直到看了第一批写真照片，她才知道自己的身体原来是什么样子，哪些地方不错，哪些地方还需要弥补，自信心也才一点点地加强。

（2）关于工作。

你也许没那么多闲工夫关心别人的身材和容貌，但公司新来的小李被送去国外进修却让你心猛地一沉。她有什么好，老板偏偏对她青睐有加。还有，为什么每次开会小张总能想到新的创意。还有那个刚来两个月的新同事，她很能干吗？为什么要把重要的客户都给她……

如果这些都是你的所思所想，那么你就是一个工作嫉妒者，总是用别人的成就来对照自己，得出的结论就是：我是可怜虫加倒霉蛋。

对于都市职业女性来说，工作是她们生活中一个相当重要的部分，她们有时候会忙得顾不上描眉涂唇，但绝对不会忘记关注其他女同事的一举一动。在职业女性的生活圈子里，她们之间相互对照和比较的可能已不再是谁更漂亮，谁更苗条，谁嫁了个好老公，而是升职、加薪和事业上的成就。她们可以心安理得地面对一个比她更成功的男同事，但其他女人的成就往往会让她们感到心中不安。

那么，你应该知道，有自己的目标和理想不能算错，但总拿别人来做参照物却是一种坏习惯，你应该像戒烟一样把它戒掉。对待工作你只需要明白两点：第一，自己的能力到底如何；第二，你是否在尽力工作。而且这两个问题与其他人无关。

（3）关于婚姻。

也许你单身多年，你的男性朋友中没有一个最终牵你走上婚礼的红地毯。所以你的目光总是不由自主地追随着那些成双人对的男女，你嫉妒，甚至是有些怨恨地看着那些依偎在男人肩头的女子，尽管那个男人并不是你喜欢的类型。每次你和好友聊天，你总是没完没了地探究她对男人的看法。

或许你还喜欢拿自己的罗曼史与其他女人的爱情故事做比较，你总认为自己早就应该有体贴的丈夫和可爱的孩子了，但是为何什么都没有呢？

或许你真的应该老老实实地回答这个问题：为什么那么急于要将一

个男人纳入自己的生活轨道？细想一下，或许你觉得自己应该有个家，只是因为不想让人觉得你缺乏吸引力。

事实上，你应该明白，自己的生活、价值乃至各种个性行为都得由自己来下定义，男人根本证明不了什么。

当然，每个女人都渴望爱情。但为什么不把自己跟自己做个比较，让自己知道你离既定的目标是否又接近了些呢？在跟那个与你心仪已久的男人交往的过程中，你可以为自己记一份温馨的爱情日记：今天早晨他在人群中向我微笑；今天我们一起去看了场电影；他答应到我家来吃晚餐……每一个细节都在告诉你又向自己的目标走近了一步。

事实上，年轻美貌、事业有成并非女性自信心的唯一来源。人的自信也未必都建立在外在的物质基础上。更重要的是，你应该为自己培养一个健康向上的心态，才能真正地祛除心灵上的斑点，让自己抬起头来。当你真正认识自我后，你会发现，你的心情逐渐开朗，从前每次参加女友的婚礼，都使你相信自己是个嫁不出去的女人，但现在，她们找到好老公的消息如春风般拂过你心田，带给你的希望是：我的这一天也很快就要到来了。所以说，一个女人要想美丽一生，就应该祛除自己心灵上的这一斑点——嫉妒，只有这样，你才能逐渐走向自信，走向由内而外的美丽。

用感恩的心来看待生活

40 岁的女人，应该对自己所生活的世界上的所有事物感恩，对自己身边所有的人感恩，只有这样，走在人生的道路上，才会感到快乐无比。

感恩是一种对生命的热爱，生活在感恩心态中的人，总会珍惜生命，而不是任意糟蹋自己和他人的生命。

感恩是一种对他人付出的理解、认可和珍惜。只有认识到他人劳动与付出的价值与意见，才能够学会感恩。

感恩是一种宽容、满足、健康的心态。感恩，来自于对人对事的宽容和理解，来自于一种回报他人和社会的良好心态。心态决定一切。拥有一颗感恩之心的人，会有一种心理上的满足，宽容大度，对小事不会斤斤计较，因此，也是一个幸福的人。

感恩是一种高尚的情感。感恩不仅仅限于一种表面化的感谢或报恩，而是一种对生活意义与价值的深层次反省、理解和感悟。感恩是一种敏感的、积极的生活感受。当我们陷于紧张、忙碌、浮躁的工作与生活之中时，我们会一步步地走向麻木。感受生活，记录幸福的一点一滴也是一种感激。当我们学会了感激，我们就懂得了生活。

如果我们时时能用感恩的心来看这个世间，则会觉得这个世间很可爱、很富有！树上小鸟的轻唱，太阳无私的光明与热能，路旁花朵的芬芳，都会令你心旷神怡。

感恩节是美国一个不折不扣的最地道的固定假日。在这一天，各种信仰和各种背景的美国人，共同为他们一年来所受到的上苍的恩典表示感谢，虔诚地祈求上帝继续赐福。

其实值得感恩的不仅仅是对上苍，我们对父母、亲朋、同学、同事、领导、部下、政府、社会等等都应始终抱有感恩之心。

感恩就是不忘父母的养育之恩。当你伤心、难过、高兴……的时候，最先感知这一切能陪在你身边的是你的父母，中国有句老话："养儿方知父母恩。"母亲要经历十月怀胎，一朝分娩的历程才把你带到这个世界，父亲用自己的肩膀扛起这个家，做你世界、你眼中的第一棵参天大树。

感恩就是珍惜爱人相伴之恩。其实没有哪个人天生就应该无条件地为另一个人而付出，聪明的 40 岁女人知道，丈夫的疼爱、呵护、宽容，都应该心存感恩。是他给了自己一个温暖的家庭，让自己尽享人生的天伦之乐和男女之欢；是他给了一个宽厚的胸膛让自己有所依托，卸去满身的疲惫与烦忧……感谢身边的这个男人，是他陪着自己一起度过风风雨雨，陪着自己一起慢慢变老。

感恩就是不忘师长的培育之恩。除了父母之外，在我们身上花费心血最多的要数老师了。他们循循善诱地传授我们科学文化知识，他们谆谆教诲我们学习做人的道理和生活原则，他们不辞辛劳地批改作业准备教案，他们为我们的点滴进步而欣喜，为我们的些许失败和错误而焦虑。老师是我们成长道路上的引路人，是我们在知识海洋里畅游的导航者。老师是我们生命中的大树，是照亮人生路程的明灯。老师头上的青丝变白发，老师把全部的爱都倾注在我们的身上，像蜡烛一样燃烧了自己照亮了我们。

要感谢的生命还有很多，感谢自己的孩子，是他们让 40 岁女人真正感觉到做母亲的责任，他们让 40 岁女人的一生充满了希望，他们让 40 岁女人体验到身为人母的酸甜苦辣万般滋味。

感谢朋友和同事，有他们的理解、支持和帮助，人生的旅途中才充满了动力，生活才充满了和煦的阳光和温暖的春风。

聪明的 40 岁女人应该学会感激，凡事感激，特别是对那些使自己成长的人，感激是品味生活幸福的重要途径之一。

聪明 40 岁女人时时刻刻怀着一颗感恩之心前行，也时刻用自己的细心体贴、温柔多情回报着这些恩惠。

善于传情。感恩不在于形式，而在于心意，一个小小的动作，比如说一个微笑，一声谢谢，一件小礼物，永远是传达感恩之情的最好方式。在节假日或是纪念日里，聪明的 40 岁女人会亲手做些小礼物送给亲人朋友，以表感谢之心；或是写一封"感谢信"，用最质朴的语言表达最真诚的情感，感谢他们慷慨无私的爱。

从爱家人开始，学会感激别人。怀着一颗感恩的心，在家里孝敬父母，理解爱人，关爱子女，在爱的包围中 40 岁女人会觉得十分幸福和满足。在工作单位和社会上，与同事、朋友相处融洽，和他们一起分享快乐、分担忧愁，这样心中才会永远轻松快乐。

学会为所得到的感恩，也接纳失去的事实，不管人生的得与失，总是要让自己的生命充满亮丽与光彩，不再为过去掉泪，努力地活出自己的生命。我们应把别人对自己的伤害写在沙滩上，伤害就会随着沙滩上字迹的消失而忘得一干二净，应把别人对自己的帮助刻在石板上而永远铭记在心。

感恩之心使我们为自己的过错或罪行发自内心忏悔并主动接受应有的惩罚；感恩之心又足以稀释我们心中狭隘的积怨和愤恨；感恩之心还可以帮助我们度过最大的痛苦和灾难。常怀感恩之心，我们也会逐渐原谅那些曾和你有过结怨甚至触及你心灵痛处的那些人；常怀感恩之心，我们便能够生活在一个感恩的世界里；常怀感恩之心，我们便会更加感激和怀想那些有恩于我们却不言回报的每一个人，正是因为他们的存在，我们才有了今天的幸福和喜悦；常怀感恩之心，便会以给予别人更多的帮助和鼓励为最大的快乐；常怀感恩之心，便能对落难或是绝处求生的人们爱心融融的伸出援助之手，而不求回报；常怀感恩之心，对别人就会少一份挑剔，而多一份欣赏！

感恩是一种处世哲学，是生活中的大智慧。人生在世，不可能一帆风顺，种种失败、无奈都需要我们勇敢地面对、豁达地处理。当挫折、失败来临时，是一味地埋怨生活，从此变得消沉、萎靡不振，还是对生活满怀感恩，跌倒了再爬起来？英国作家萨克雷说："生活就是一面镜子，你笑，它也笑；你哭，它也哭。"

宽容别人就是善待自己

有一个家里非常富裕的漂亮的 40 岁女人，不论其财富、地位、能力都无人能及。但她却郁郁寡欢，连个谈心的人也没有。于是她就去请教无德禅师，如何才能赢得别人的喜欢。

无德禅师告诉她道："你能随时随地和各种人合作，并具有和佛一样的慈悲胸怀，讲些禅话，听些禅音，做些禅事，用些禅心，那你就能成为有魅力的人。"

女士听后问道："大师此话怎么讲？"

无德禅师道："禅话，就是说欢喜的话，说真实的话，说谦虚的话，说利人的话；禅音就是化一切声音为微妙的声音，把辱骂的声音转为慈悲的声音，把诋毁诽谤的声音转为帮助的声音；禅事就是慈善的事、合乎礼法的事；禅心就是你我一样的心、圣凡平等的心、包容一切的心、普度众生的心。"

女士听后，一改从前的霸气，不再因为自己的财富和美丽而凡事都争强好胜了。对人总是谦恭有礼，宽容大度，不久就赢得了所有人的认同，拥有了很多知心的朋友！

宽容是一种修养，一种境界，一种美德，更是一种非凡的气度。作为女人，也许很娇贵，也许很单纯，也许很浪漫，但拥有一颗宽容之心，才是作为 40 岁女人最可爱的地方。然而 40 岁女人中很少有能够懂得宽容的真正含义的，更难以真正做到宽容。要知道，宽容是需要 40 岁女人用时间和行动来实现的，那是一种博爱，一种看透人生的淡定。

宽容对于一个 40 岁女人来说是尤为重要的。在长期的家庭生活中，它是吸引对方持续爱情的最终的力量，它不是美貌，不是浪漫，甚至也可能不是伟大的成就，而是一个人性格的明亮。这种明亮是一个人最吸引人的个性特征，而这种性格特征的底蕴在于，一个 40 岁女人怀有的孩童般的宽容。

当然，宽容也不是没有界线的。因为，宽容不是妥协，尽管宽容有时需要妥协；宽容不是忍让，尽管宽容有时需要忍让；宽容不是迁就，尽管宽容有时需要迁就。

宽容更多的是爱，在相爱中，爱人应该是我们的一部分。在这个前提下，甚至于婚姻的错误有时也会成为一种营养，它的意义不是教会我们如何谴责，而是教会我们如何避免。即便无法避免爱情的悲剧，最终到了各奔东西的时候，宽容的 40 岁女人也不会忘了说声"夜深天凉，快去多穿一件衣服"。因为一个犯了错的人，他也许正在他的内心谴责着他自己；而且，在这句话中，你不但在给自己机会，同时也在给别人机会。

现实生活中常常发生这样一类事情：

丈夫在生意场上爱上了一合作伙伴，那是个腰缠万贯的独身女人，且年轻貌美，聪明能干。

妻子知晓后无法接受这一事实：大吵大闹，寻死觅活。"祥林嫂"般的见人就哭诉："都十几年的夫妻了，他居然这样。我要离婚！"

那男人看起来居然很委屈的样子，说："本来不想闹大，是她不依不饶，让我觉得没有办法在家里待下去了。"后来，丈夫坚决要离婚，理由就是妻子太小气。

妻子此时也冷静下来了，分析了一下目前自己的处境后，她对丈夫说："我给你 3 个月的时间，让你去和她过日子。如果你们真的难舍难分，我成全你们；如果过不下去，你还是回来，我们好好过日子。"

丈夫带着壮士一去不复返的豪迈走进了独身女人的家。两个月零七

天后，丈夫回来了，说："我们好好过日子，我离不开你和女儿。"妻子微笑着接纳了丈夫……

我们先不谈论在这件事情上女人受到了多大的委屈，单看其结果，也足以说明：学会了宽容，最大的收益人是女人自己。

章含之的《跨过厚厚的大红门》中有这样一段话："有一次，别人看到乔冠华从一瓶子里倒出各种颜色的药片一下往口里倒很奇怪，问他吃的是什么药。乔冠华对着章含之说：'不知道，含之装的。她给我吃毒药，我也吞！'"这是一种爱的表达。

乔冠华是何等人物，他对爱的理解是如此之深。其实每一个深深爱着的女人，都会心甘情愿地献出自己的一切，去悉心地照料、庇护她所爱的人。男人在女人面前永远是长不大的孩子，生活中他们有着太多的不可爱，然而女人不宽容他们，他们又有何幸福可言呢？

宽容，能体现出一个女人良好的修养，高雅的风度。宽容不是妥协，不是忍让，不是迁就，宽容是仁慈的表现，超凡脱俗的象征，任何的荣誉、财富、高贵都比不上宽容。宽容别人的女人，其实就是宽容我们自己。

七　随缘以清心，日日是好日

　　40岁的女人开始懂得，过分的执着是扼杀快乐的罪魁祸首。随缘而安、随遇而安，这样的生活态度往往可以令自己活得更加超然于超脱。

　　40岁之前，你可以为了一个问题纠结良久，只为了寻求一个满意的答案，40岁之后，如果你还在苦苦追寻一个问题的答案，而错过了生命中擦肩而过的幸福，你将会再稍晚的时候懊恼不已。比较人生在世只有短短的几十年，如果不努力地享受生活，去从生活中发掘小小的幸福快乐，你的一生是不是太过平淡和苦闷？40岁的女人，放飞自己的心情，让自己的每一天都能够在愉悦的心情中度过。

凡事做退一步想

女人到了40岁，就应该懂得不是什么时候、做什么事都可以往前"冲"，必要时应该后退一步，因为这样做你才能发现海阔天空。

就像我们不可能让世界上的每一个人都满意一样，我们的生活不可能处处都是鲜花，我们的成功之路也不可能一帆风顺，我们也不可能事事都比别人强。

那么，在我们的人生不是一帆风顺的时候，在我们的人生出现一些挫折的时候，在我们的面前不都是鲜花的时候，我们该怎么办？

这时候，不妨后退一步，你会发现海阔天空，人生照样美好，天空依然晴朗，世界仍是那么美丽。

（1）公司里人事调整，你原想这次你肯定升职，可宣布各部门人选的时候，你侧着耳朵听也没听到老板念你的名字。这样的时候，你先别生气，后退一步：毕竟没有被炒鱿鱼。然后想自己为什么没有被提拔，如果的确不是你的错，那就是老板没长一双慧眼，没发现你这颗珍珠，那损失的是老板而不是你。让他遗憾去吧！

（2）单位里职称评定，你差一点就评上了。可惜的确可惜，但再可惜也没用了。这样的时候，你后退一步：这次差一点，下次就一点不差了。那么，回去再努力一年。这一年，你有可能做出了惊天动地的成绩。

（3）被公司老板给炒了。这肯定不如你炒他心里那么痛快，老板炒你肯定有他的理由，但你别去问，一问显得你没劲。你后退一步：毕竟只是被老板炒了，而不是被坏人杀了，只要大脑在，双手在，天下的老板多的是，老天爷还饿不死瞎眼的家雀呢。实在不行，自己做老板。

（4）做股票。这只股票本来可以赚5万元，由于贪心，只赚了5

000 元。你别光骂自己蠢，后退一步：毕竟还赚了 5 000 元，而不是赔了 5000 元。下次不要再太贪心就是了。要是这次赔了 5 000 元，也后退一步：毕竟只赔了 5 000 元，而不是全赔了进去，下次不犯类似的错误，再赚回 5 万元就是了。

（5）生病。已经生病了，心情肯定不会很好，但心情不好对你身体的康复只有坏处没有好处。因而尽量使自己不要沉溺在生病不好中不能自拔，后退一步：毕竟只是生病，那就趁这个机会好好休息一阵，平时难得有这样的机会。

人生在世，不如意的事情肯定会有，因为世界毕竟不是你一个人的世界，造物主尽量要公平一些，不可能把所有的好事都摊到你的头上，也要适当考验考验你，看看你在不顺的时候会是一种什么样子。如果你反应过激，他还会继续考验你，直到你能以一种平和的心态去看待、对待一时的不顺或者挫折。

以一种平和的心态去看待人生的不顺和挫折，并非是一种消极的心态。在有时候，你后退一步，寻找到一种海阔天空的人生境界，这也是一种积极的心态。

享受生活是每个女人的权利

生存，是一件很容易又很不容易的事情。享受生命、享受生活也是一件很容易又很难实现的事情。没有任何定义，没有任何界限，更没有任何经验可以传授，因为每个人的想法都是不完全一样的，看待事物的方式不同，对事物的感受更不会一样。享受生活，很难说是怎么样的和哪种境界。活着，能呼吸或新鲜或混浊的空气，可以欣赏秀美的景色，可以聆听悦耳的音乐，可以吃到美味的食物，甚至可以感受和释放所有

的情感（亲情、友情、爱情……），这就是在享受生活——伤心时可以尽情地痛哭，开心时可以开怀大笑，郁闷时能静静地发呆，有自己的时间和空间，可以做自己想做的事，如此种种，不都是在享受生活吗？

然而，快节奏、强压力生活下的人却不能有自己的时间、空间，甚至情绪，自己不属于自己。40岁女人的压力更大，为了追逐成功，为了追逐名利，为了使家人过上更加美好的生活，许多女人勇往直前，就连吃饭，也是匆匆不知其味地胡乱填饱了肚子，忙完工作忙家务，忙完丈夫忙孩子。结果却是心力交瘁，心累体衰，没有给自己留任何时间去品味生活的美好与芬芳，最终可能会留下生命的遗憾……

没有一个女人不想享受生活，只是人生短暂，在该享受生活的日子里，家庭和社会的责任让她在不经意间送走了自己的少女时代，送走了人生中最美好的时间，却忘却了自己。往往待她想起应该好好享受生活的时候，皮肤松弛了，牙齿松动了，身材走样了，这时想吃些好吃的、想天南海北地走走看看、想穿漂亮衣服，已经不能够了！

40岁的女人，不应该再拖延了，不要再找什么借口：孩子还小，房子还没买，汽车还没买。试着从现在开始就享受生活吧，想吃就吃，不要每次都要把爱吃的饭菜夹进孩子的碗里，他还年轻，美好的日子都在等着他，他有的是时间去享受美味的饭菜；房子和汽车还没有买，也不要紧，为买房子和汽车整天累死累活得不开心，那是不值得的；累了就休息一下，放下手头的工作，在阳光底下晒晒太阳，来个温暖的日光浴；去想去的地方来个短途旅游；和老公一起去吃顿浪漫的晚餐、一起去听场音乐会……这些计划已久的事，应该从现在开始就去做，抑或心中突然涌出的一种强烈愿望，那就着手去做吧。

有一句话说得好：行走的时候，别忘了欣赏周围的风景。人生本来就是一个旅程，工作和生活也是如此，相信每一位女性努力工作的目的都是为了更好地生活。美好的生活不单单是名利、房车、物质的富有，还有健康的身体、和谐的家庭关系等等。如果工作的目的纯粹是为了挣钱，为了挣钱什么也不顾，什么都可以舍弃，那么你就会在人生的旅程上只顾低头行走，完全忽略了生活中还有别的风景。

不要天真地以为等你赚够了钱，就可以放慢脚步享受生活，时间不等人，你孩子的无邪笑脸，你还算苗条的身材，还有你健康的身体都会成为过去，那个时候，你除了抱着赚来的钱又能做什么，你还有什么呢？孩子已经长大，有了自己的一片天空，再也不是那个需要你的保护和温暖怀抱的小小人儿；曾经婀娜的身材现在已今非昔比，关键是曾经的健康与活力已离你远去，只剩下身体各部位等着医生来修理。这些，都是满大街可见的事实。那40岁的女人，还在观望和等待什么呢？

正如一位心理学家所说："工作、爱情、享乐是人生的三个重要方面，偏废了任何一方面就不能算完美的人生。"

人活一世真的很不容易，女人更不容易，为了生活，她们需要付出许多。父母需要照顾，孩子需要培养，一堆的家务不做不行，工作不出色有可能被淘汰，复杂的人际关系也很麻烦……这一切使自己完全没有独立的空间和时间，觉得很累很累，也想着有一天一定要停下来，好好休息一下，充分享受一下生活的乐趣。

可是，人的生命有不堪一击的脆弱，不要想着来日方长，要享乐就从现在开始。

也许你想着等自己攒够了钱，等自己功成名就了，美好的生活自然就会来了，可是很多东西并不是金钱就可以买到的，比如健康。我们所说的享受生活，其实很简单，只不过是你从繁忙的时间里面抽出一点点来，为自己做一样爱吃的菜；只不过是停下你匆忙的脚步，在商场里，为自己买一件心爱的礼物；只不过是约上三五好友聊聊天，不用频繁地看表，顾及家人的晚饭和晾出去还未收回的衣衫；只不过是你可以抽出一个晚上的时间去看一场自己喜欢的电影，不用惦念任何人的阴晴冷暖。

聪明的女人，不要拖延，不要再举棋不定，不要再"珍藏"任何能给生活带来欢笑和希望的东西。一个女人，应该学会享受生活，只有

会享受生活的人才会创造光彩绚烂的生活。

　　享受生活，就是要用心去感受生活的点点滴滴，用心去领悟生活中的爱恨情愁。享受快乐生活并非遥不可及的海市蜃楼，而是就在身边唾手可得，比如今天我们看到一件非常喜欢的衣服，但价格不菲，而心里的愿望又是那么的强烈，都可以说到了不买就很痛苦的地步。那我们就可以把它买下来，实现自己的愿望，这实际上不就是享受生活吗？

　　40岁了看着别的同龄女人每天花枝招展，莺肥燕瘦的，这月去东北，下月去西南成天在天上飞，再看看自己素面朝天，粗裙布衣，每天除了下班做饭，就是早起上班。或许你会安慰自己，好日子还在后头，等我赚到资本我也来精致潇洒一回。但是日子久了你就会发现，去年本打算今年存够了钱就去潜水看海，明年好像又要贷款买房，肯定又不行了。况且，休息一天，少一天的工资啊！

　　于是，美好的梦想，就只能无限期地往后拖了。但实际上，真的有那么困难吗？困难到看中一件梦寐以求的衣服，都非得衡量再三后，还是选择放弃？

　　青春有限，亮丽的容颜实在太珍贵，如果不趁着自己年轻，抓紧享受，难道等到七老八十再化彩妆？丈夫重要、孩子重要、房子也重要，但最重要的还是享受这一刻的生活！所以，若真的碰上一样喜欢的东西，如果不是明天就没钱吃饭了，就买了它吧！

　　能够想到以后的生活，未雨绸缪，是对自己负责的生活态度，但是千万不能太甚。人生最好的生活方式，就是一边计划未来，一边享受现在，即使只是小小的享受，也比终于熬成正果，坐拥豪宅，却只剩下一颗苍老的不会享受的心要好。

　　生活的美满在一定程度上就是善于选择和善于妥协。如果你要更多的时间、更多的自由，你就必须接受这样的现实：你不可能把所有的事都做得如你意。举例说吧，你可以把家庭杂务琐事分配给每个家庭成员，即使这意味着降低烹调和房间打扫工作的质量。

只要你想得到，只要你愿意享受生活，你就可以不必因为为以后打算，而把自己弄得灰头土脸，没有一点情调。进而会影响到自己的情绪，时时有不舒畅、不痛快的感觉。如果我们能享受生活，为什么还犹豫呢？

重拾往日的快乐美好

人人都有自己的爱好与兴趣。但人有时候又不能随心所欲地保持自己的爱好，"人在江湖，身不由己"。尤其 40 岁的女人，每天早上一睁眼就要忙，一直忙到晚上闭上眼睛睡觉，才终于算是有自己单独的时间了，更别提什么兴趣，什么爱好，什么独立的时间和空间了。

为了爱情，为了家庭，为了生活，女人会牺牲自己的一切，把自己淹没于家庭、生活、工作。不但要辛苦地工作，还承揽一切的家务，牺牲自己的爱好，竭尽全力让老公不为家里的事情担忧和困扰，无牵无挂地在外打拼。按理说，这应该是一个很幸福的家庭。可事实是，很多时候，当男性事业有成的时候，他们看似美满的家庭也要解体了。

大多数人可能会把原因归结到男人的负心上面，于是就有了一句话："男人有钱就变坏。"可是，事实如此吗？婚姻和感情需要双方共同维护，这种维护不但有物质层面的努力，还包括精神的交流和沟通。男人在外面打拼，接触到的是一些比较新的事物，关注的很多东西与工作有关。而女人呢，生活的全部就是家务、老公和孩子，说来说去就是一些柴米油盐、穿衣吃饭的家务琐事，已开始与社会脱节，没有属于自己的东西。可以交流的话题越来越少，久而久之，家庭就会出现一些问题。

爱他爱家庭，一定不要失去自我。要知道，他当时爱上你的时候，是因为你的个性，是因为你是一个很丰富的人，如果你为了他去改变自己，改变自己曾经吸引他的地方，磨灭自己的兴趣和爱好，那只会离他

越来越远。

　　同时，生活中不是只有爱情，也不是把所有的家务做好，把孩子照顾好，就能美满幸福。丈夫重要，孩子重要，但最重要的还是要享受生活、享受自己的心理和生活空间、享受自己的爱好带来的快乐。

　　其实，生活本身完全可以过得丰富多彩，谁说40岁的女人就不能有自己的爱好，只能受制于繁重的家务劳动呢？只要合理地安排工作与生活，每天为自己腾出一点时间，哪怕只有10分钟，或者半个小时，或者有时候工作或生活忙得太累了，身与心均疲惫不堪，都有隐居山林的想法的时候，那我们就向公司请几天假，放下手头的工作，把家务劳动交给丈夫，或者请父母帮忙照看一下，然后拾起自己放弃多年，但一直心心念念的爱好。放纵一下自己的爱好，你会发现你的生命又将充满活力。

　　真正懂得生活的女人是一个丰富多彩、有滋有味的女人，而不是一个整天只知道围着公司或家庭打转的女人。

　　如果你喜欢旅游，那你可以找几个曾经的旅友，大家可以在一起聊聊哪里的风景比较漂亮，哪里比较适合爬山，天气好的时候，一起走出去亲近一下大自然。那样和平轻松的环境可以让人有极大的放松，并找回了昔日与朋友一起游玩的感觉，同时又增长了见识，何乐而不为呢！

　　如果你喜欢写写画画，尽管你不是专业的，但是只要你有那样的兴趣，每天抽出半小时的时间，并且能坚持下去，那也是一种极好的自我放松方式，说不定还会有意外的收获。

　　如果你爱好运动，那么把自己的时间分点给这样的业余活动。运动可以让一个人充满活力，在一天的劳累工作之后，挑一个时间，约上几个志同道合的朋友一起做运动去。可以参加俱乐部，也可以去健身中心，或者到公园跑跑步、打打球，都可以让你一天的疲劳得到有效的缓解。只有良好的身体状况，才可以让你的工作和生活更加有效率。

　　如果你喜欢读书，那不妨每晚睡前抽出点时间，放松自己的心情，拿出自己一直喜欢却没时间阅读的书籍，在一片安静、祥和、轻松、自然的环境里与各位大家的灵魂对话。用心去感受作者笔下流淌出来的文字，去感受故事主人公的命运，在优雅柔美的文字中穿行，在睿智深刻的语言中感知社会、感知人生。

如果你喜欢舞蹈，那就可以找出落满灰尘的舞蹈鞋、搁置已久的运动衣，充满自信地与那群满脸青春的女孩子一起跳出快乐、活泼的音符，勇敢地展现自己高贵、优雅、大方的舞姿。这样不但可以锻炼身体，可以塑造体型还可以提升气质，更可以让你容光焕发，使生活充满各种乐趣与阳光。

曾经那么向往在海边看日出，觉得太阳喷薄而出的那一瞬间，心灵都会为之一颤。但是少年时必须经过十年寒窗苦读，根本没时间去看；从学校走出来了，又忙着工作、忙着赚钱，即使偶尔经过海边，也只是匆匆一瞥，日出的美妙与震撼始终没有机会去领略。

日出是极具诗意的，就如同一粒种子在黑暗中酝酿、挣扎，以至毅然地长出嫩芽；又如毛虫在艰辛复杂的过程中蜕变为蝴蝶；太阳也同样经历很久的奋斗、摸索，才能最终一跃而出地平线，将黑夜化为黎明。

事实上，日出除了具有可与日落媲美的诗意，更具有令人叹为观止的壮丽：随着旭日发出的第一缕曙光撕破黎明前的黑暗，东方的天幕由漆黑而逐渐转为鱼肚白、红色，直至耀眼的金黄，喷射出万道霞光，最后，一轮火球跃出水面，腾空而起，整个过程就像一个技艺高超的魔术师，在瞬息间变幻出千万种多姿多彩的画面，又怎能不令人叹为观止呢？

然而，生活在高楼林立的都市女人，有过多少观看日出、沐浴晨曦的体验呢？

或许只有寥寥几次吧，比如某个刚下火车的早晨，或偶尔登山观景之时。而更多的人或许一次都没有！每当那个时刻，我们无不蜷缩在被子里，蒙头大睡……即使偶尔起个大早，忽萌看日出的念头，又能怎样呢？高楼大厦夺走了地平线，都市的晨曦不知从何时起，早已变了质——灰蒙蒙的尘埃，空气中老有黏黏糊糊的感觉，老有挥之不散的汽油味儿……

曾经有人如此断言："从没有看过日出的人，实在是枉过此生了。"既然在都市中没有机会实现自己看一次日出的梦想，那不如趁某一个闲下来的周末，放下身边的一切凡尘俗事，背起行囊出发吧，去感受日出的诗意和壮观，去感受大自然的美妙和伟大。

爱好是各种各样、五彩缤纷的，可大可小，可多可少，不论什么样的爱好，只要是属于你自己的爱好，可能已经被搁置很长时间了，可能已经有些生疏，可能是你盼望了几年但一直没去做的。那么，女人们，把你曾经的爱好拾起来吧，你自己的生活需要多姿多彩，你自己的生活需要你自己去创造、去享受、去感悟。你快乐、你享受了，你的家人、朋友才会享受到你的笑声与快乐。

过好今天也就抓住了快乐

尽管历史很长，但人生实在短暂，犹如银河里划过的一颗流星，耀眼但转瞬即逝。生命脆弱，真的不知道会在哪一天停止，何况女人40岁，已经走到了生命的二分之一。所以，过好今天，享受现实生活每一天是非常重要的。一定要多陪一陪家人，享受一家人其乐融融的幸福；一定要主动联络朋友，享受关心别人后的满足；一定要让自己喜欢的人了解自己的心意，减少心里的遗憾；一定不拖延工作，享受任务完成后的成就感。

谁知道明天，甚至下一分钟会发生什么？很多事情一点都不难完成，只是以前给了自己太多拖延的借口。

从今天起，从现在起，要怀着一颗感恩的心，珍惜并享受每一天。

"明日复明日，明日何其多？我生待明日，万事成蹉跎。"是呀，今日事今日毕，今天的快乐今天享受，今天的痛苦今天解决，何必事事等到明天呢？过好今天才是最重要的呀！那么，我们不妨做一些释怀，来过好今天吧。

（1）记下当天的快乐：养成每天写日记的习惯，记下当天的快乐心情、使你快乐的人物和地点，心血来潮时就拿出来重温快乐时光（日日是好日，年年是好年），留住生活中美好的时光，千万不要将不愉快的情绪留到明天。

（2）"血拼"的快乐：试试每逢星期天，就到超市大肆采购一番，将冰箱装得满满的，以富足快乐的心情，迎接每个星期的第一天。

（3）打扮下一周：用相机拍下自己拥有的每一双鞋子的"长相"，贴在鞋盒的显眼处，并于星期天安排好下个星期的服饰搭配，如此就不需要每天一早起床，为当天要穿哪件衣服而伤脑筋，省下来的时间就可以不慌不忙地享用美味的早餐，或花些时间做脸部按摩运动了。

（4）记住每个小快乐：习惯数字带给你的兴奋，利用数字带来的推动力让自己慢慢进步，就算今天比昨天只多做了一两下的仰卧起坐，也能带给你小小的快乐及成就感，毕竟一想到今天的我将会比昨天更接近保持体型的目标，那种快乐是无法形容的。

（5）发现新乐趣：每日利用一点时间，打开电脑浏览喜欢的网站，在你吸取无边的知识之余，又可享受比别人早一步发现新知的乐趣。

（6）帮助别人就是快乐：不论是扶老人过马路，在公司里帮同事们一点点小忙，或是在办公室制造欢乐气氛，都算是好事，这会使你一整天都拥有一个快乐的好心情。

（7）为今天确定主题：依照你喜欢的方式，为自己精心计划今天的特定主题，譬如是打球日、逛街日、约会日、睡觉日、学习日，积极快乐地享受每一天。

（8）今天大扫除：你一定有过有时发现家中某种东西不翼而飞，但日子久了也就不了了之，然后无意间在今天的打扫中它突然出现在你眼前，那种在家寻宝失而复得的心情真的很开心。而且定期清理杂物和旧物，让家里窗明几净，空气流通，也有除旧迎新增加能量的功效。有

221

时也会有不大不小的意外的收获。

（9）确定目标：专家说过，没有设定目标的人，就永远达不到目标。将你的理想、目标视觉化，以图片的方式，剪贴在硬纸板上，有空就拿出来欣赏，图片看多了，可以刺激我们努力地去达成某个目标，让你早日享受梦想成真的满足感。

（10）找回记忆：你一定很怀念小时候等待过年的兴奋心情，因为只有在过年时才有足够的压岁钱，可以买心中很想拥有的东西。长大后的我们可以随时买到自己需要的东西，已经完全不懂得珍惜自己身边拥有的，也忘了什么叫得来不易。不妨训练自己在发薪水的那个星期才购物，平常的日子便感受一下节制的乐趣，找回那份童年的记忆。

（11）享受早起：今天一大清早起床，感觉一下众人皆睡我独醒的优越感，早睡早起，头脑清醒精神爽，心情自然也会快乐舒畅。试着培养早起一小时的好习惯，你不但会多了宝贵的宁静时间及充裕的精力，你也一定会爱上那早晨恬静清新的感受。

（12）储蓄的快乐：买个漂亮的小猪储蓄罐放在你的办公桌上，作为你旅游、买大衣或做善事的基金来源，每天喂它一次，会带给你细水长流的快乐。

（13）付出的快乐：为自己买棵小盆栽或养个小动物，它会使你心情愉快，而在你的悉心照顾下，看着它一天一天地长大，你一定会体会到经过付出而获得收获的快乐。

（14）珍惜天伦乐：家人永远是你最重要的精神支柱，好好珍惜及培养和他们的感情，定期为自己安排喜欢的家庭活动，有了家人亲切的支持，做起事来必定更加起劲。不跟父母同住的朋友们，平日虽然不能常抽空见他们，下班后可别忘了打个电话问候他们。

（15）享受音乐：辛苦工作后，利用短暂的休息时间，听听自己喜欢的音乐，好好地奖赏自己一番，陶醉在优美的音乐旋律中，就算是只有短短的 10 分钟时间，也能帮你松弛疲劳，带给你不可思议的美妙感受。

（16）过好周末：在不用上班的日子里，你也可以过得既浪漫又有效率，如果不想让假日空白，平时就应该做好休假的规划，利用周末的时间，做你平日想做又一直没有时间做的事，让自己过一个有价值又丰盛的周末。

（17）爱上想象：人类的潜能是非常奇妙的，好好运用我们的第六感和意志力，乐观进取地想着经过努力后所带来成功的美好情景，让自己经常有着正面的思想，它会在不知不觉中使你越来越接近成功。

（18）学会分享与分担：经常跟爱侣分享生活中的点点滴滴，在对方沮丧或不开心时给予适当的安慰与关怀，不但能使彼此之间的爱情更加滋润，更可激励我们不断向上。

（19）记住快乐：乐观的人容易遇上有趣的事，如果你常常不开心，可能你已忘了快乐的节奏感。只要你常到使你快乐的地方，再花点心思，留意周围的事物，你不难发现一些令人开心的事物，其实快乐是无处不在的，只是一直被我们忽略了！你一定听说过，笑口常开的人比较容易青春常驻，想要保持青春，就别忘了一定要常保持乐观进取的态度，积极快乐地过好每一天。

正是因为人生短暂，我们才应该时刻保持一种快乐的心情，保持一种怀有希望、愉快、明朗、朝气蓬勃的精神状态。用一颗感恩的心过好每一天，真诚对待每一个人。

不做坏脾气的女人

从生理角度来讲，女人比男人更容易冲动，更爱发脾气，她们很难容忍不如意的事，然而坏脾气不仅会伤害他人，还会伤害自己。因此，40岁女人一定要学会控制冲动之下的坏脾气。

生活不可能平静如水，人生也不会事事如意，人的感情出现某些波动也是很自然的事情。可有些人往往遇到一点不顺心的事便火冒三丈，怒不可遏，乱发脾气。结果非但不利于解决问题，反而会伤了感情，弄僵关系，使原本已不如意的事更加雪上加霜。与此同时，生气产生的不良情绪还会严重损害身心健康。

美国生理学家爱尔马通过实验得出了一个结论：如果一个人生气10分钟，其所耗费的精力，不亚于参加一次3000米的赛跑；人生气时，很难保持心理平衡，同时体内还会分泌出带有毒素的物质，对健康十分不利。

虽然人人都有不易控制自己情绪的弱点，但人并非注定要成为自己情绪的奴隶或喜怒无常心情的牺牲品。当一个人履行他作为人的职责，或执行他的人生计划时，并非要受制于他自己的情绪。要相信人类生来就要主宰、就要统治，生来就要成为他自己和他所处环境的主人。一个心态受到良好训练的人，完全能迅速地驱散他心头的阴云。但是，困扰我们大多数人的却是，当出现一束可以驱散我们心头阴云的心灵之光时，我们却紧闭着心灵的大门，试图通过全力围剿的方式驱除心头的情绪阴云，而非打开心灵的大门让快乐、希望、通达的阳光照射进来，这真是大错特错。

我们是情绪的主人，而不是情绪的奴隶。

著名专栏作家哈理斯和朋友在报摊上买报纸时，那朋友礼貌地对报贩说了声"谢谢"，但报贩却冷口冷脸，没发一言。"这家伙态度很差，是不是？"他们继续前行时，哈理斯问道。"他每天晚上都是这样的。"朋友说。"那么你为什么还是对他那么客气？"哈理斯问他。朋友答道："为什么我要让他决定我的行为？"

一个成熟的人握住自己快乐的钥匙，他不期待别人使他快乐，反而能将快乐与幸福带给别人。每人心中都有把"快乐的钥匙"，但乱发脾气的人却常在不知不觉中把它交给别人掌管。我们常常为了一些鸡毛蒜皮的事情或者无伤大雅的事情而大动肝火，当我们对着他人充满愤怒地咆哮着的时候，我们的情绪就在被对方牵引着滑向失控的深渊。

有个脾气很坏的小男孩，动不动就乱发脾气，令家里人很伤脑筋。

一天，父亲给了他一大包钉子和一把铁锤，要求他每发一次脾气都必须用铁锤在家里后院的栅栏上钉一颗钉子。

第一天，小男孩就在栅栏上钉了30多颗钉子。但随着时间的推移，小男孩在栅栏上钉的钉子越来越少。他发现自己控制脾气要比往栅栏上钉钉子更容易些。

一段时间之后，小男孩变得不爱发脾气了。于是父亲建议他："如果你能坚持一整天不发脾气，就从栅栏上拔下一颗钉子。"又过了一段时间，小男孩终于把栅栏上所有的钉子都拔掉了。

这时候，父亲拉着儿子的手来到栅栏边，对他说："儿子你做得很好，可是你看看那些钉子在栅栏上留下的小孔，栅栏再也不会是原来的样子了。当你向别人发过脾气之后，你的言语就像这些钉子孔一样，会在人们的心灵中留下疤痕。你这样做就好比用刀子刺向别人的身体，然后再拔出来。无论你说多少次对不起，那伤口都会永远存在。"不良情绪不仅会让我们身边的人无所适从，受到伤害，也会让自己受到伤害。

所以，我们应努力管理好自己的情绪，以豁达开朗、积极乐观的健康心态工作，而不是让急躁、消极等不良情绪影响我们。不要让自己的情绪影响自己的心情，影响别人的心情，做自己情绪的主人，这是一个健康乐观的人要做到的最基本一点。

如何改掉乱发脾气的坏习惯，让愤怒的情绪尽快远离我们，是幸福人生必修的课题。

首先，我们要积极调动自己的理智来控制情绪，让自己在愤怒的时候先冷静下来。当他人的言语或者行为刺激到你时应强迫自己冷静下来，迅速分析一下事情的来龙去脉以及如果发脾气会给自己带来什么样的后果，然后再采取表达愤怒情绪或消除冲动的做法，尽量使自己不陷

人冲动鲁莽、简单轻率的被动局面。比如，当我们被别人无端地讽刺、嘲笑时，如果顿然暴怒，反唇相讥，则很可能引起双方争执不下，怒火越烧越旺，自然于事无补。但如果此时你能提醒自己冷静一下，采取理智的对策，如用沉默为武器以示抗议，或只用寥寥数语正面表达自己受到伤害，指责对方无聊，对方反而会感到尴尬。

其次，我们在感到愤怒时还可以用暗示、转移注意力的方法。使我们生气的事情，一般都是触动了自己的尊严或切身利益，很难一下子冷静下来，所以，当我们察觉到自己的情绪非常激动，眼看控制不住时，可以及时采取暗示、转移注意力等方法自我放松，鼓励自己克制冲动。言语暗示如"不要做冲动的牺牲品"，"过一会儿再来应付这件事，没什么大不了的"等，或转而去做一些简单的事情，或去一个安静平和的环境，这些都很有效。人的情绪往往只需要几秒钟、几分钟就可以平息下来。但如果不良情绪不能及时转移，就会更加强烈，发怒者越是想着发怒的事情，就越感到自己发怒完全应该。根据现代生理学的研究，人在遇到不满、恼怒的事情时，会将不愉快的信息传入大脑，逐渐形成神经系统的暂时性联系，形成一个优势中心，而且越想越巩固。此时如果马上转移，想高兴的事，向大脑传送愉快的信息，争取建立愉快的兴奋中心，就会有效地抵御、避免不良情绪。

40岁女人平时不妨进行一些针对性的训练，培养自己的耐性，比如练字、绘画、制作手工艺品等等，坚持下去，你的心态一定会平和许多。

每日都与好心情相伴

朝九晚五的机械日子，激烈竞争的疲惫让越来越多的40岁女人失去了快乐的心情。其实"境由心造"，一个人是否快乐，不在于她拥有什么，关键在于怎样看待自己的拥有，也就是说快乐是一种积极的心态，是一种可以通过自我调节获得的幸福。

播下一种心态，收获一种性格；播下一种性格，收获一种行为；播下一种行为，收获一种命运。人的心态变得积极，就可以得到快乐，就会改变自己的命运。乐观豁达的人，能把平凡的日子变得富有情趣，能把沉重的生活变得轻松活泼，能把苦难的光阴变得甜美珍贵，能把烦琐的事项变得简单易行……这时候，快乐已经来临！

午间的阳光照射在电脑的屏幕上，把亮度调到最高，画面还是灰蒙蒙的。站起来伸伸懒腰，还是昏昏欲睡，便开始哼起一支曲子，声音渐大，精神随之兴奋，心情也舒畅起来。

大家都在桌前一边打瞌睡一边努力睁开眼，却被这并不优美的声音惊醒了，顿时仿佛都神清气爽起来。唱得不错嘛，有人说。便也跟着哼唱，果然舒服。一时间，几个人的声音在办公室里此起彼伏，蔚为壮观。主管有事进来，先是一惊，以为走错了地方，然后便心领神会，把一沓材料放到桌上，也伸伸懒腰，打个哈欠，嘴里配合着发出咿呀之音，整个世界，洋溢着得来全不费功夫的快乐。

不要劳神去寻找什么快乐的源泉，快乐好比一杯红酒，是可以按照自己的口味亲自调制的。

这里，我们可以给大家一些建议，不妨尝试一下，说不定你压抑的心情就会因此飞扬起来：

（1）行动起来。

你必须行动起来，活动产生使你快乐的化学物质，活动还可以转移你大脑的兴奋中心，让你忘掉烦恼；完成一项活动还可以给你满足感。所以，当你倦怠地躺在床上，觉得自己什么也不能做时，你要做做看。

（2）做简单的事情，别逼自己。

有人会劝你"振作精神，像往常一样做事"，这个态度是积极的，但实际上却是错误的。抑郁就像感冒，你的身体已经很虚弱，那些从前

你觉得简单的事情也变得难以应付，所以强迫自己干你感到困难的事会加重你的抑郁，你会更加看不起自己，你对自己说："连那么简单的事情也做不了，我彻底完了。"

（3）床上伸展操。

也许你不相信，只要几个简单的动作，恋床的毛病就会一扫而空。在穿衣服之前，不妨坐在床上做简单的伸展操，放松紧绷的肌肉和肩膀，慢慢地转转头、转转颈，深深地吸一口气再起身，会有种舒畅感。

（4）为自己做顿早餐。

有人宁愿多睡半小时也不肯为自己做一顿可口的早餐。其实一天三顿饭早餐最重要，早餐是一天活力的来源，为了多睡一会儿而省掉早餐是最不划算的，一来健康大打折扣，二来失去了享受宁静早餐的美妙感觉。下决心明天早起半小时为自己做顿可口的早餐吧！它将带给你精力充沛的一天。

（5）洗个舒缓浴。

淋浴或泡澡要看你的时间充裕与否。如果泡澡，水温不宜太高，时间也别拖太长，选一些含有柑橘味的沐浴品，对于提振精神是最好的。如果是淋浴，告诉你一个消除肩膀肌肉酸痛的小秘方，在肩上披上毛巾，用可容忍的热度，用莲蓬头水柱冲打双肩，每次 10 分钟，每周 3 次以上，效果极佳。

（6）尝尝自己做的点心。

研究证明，吃甜食有助抚慰沮丧情绪。其实，品尝自制的小点心不但有成功的喜悦，同时，在烹调的过程中，也有意想不到的乐趣。如果你的厨房设备很简单，就做一道好吃的米布丁吧。在小锅中加入适量米和水同煮，接着加入适量牛奶继续煮至米糕熟软，待牛奶汁略收干时加入糖，再加上一个蛋黄，享用时，撒上葡萄干就可以了。

（7）掸掸灰，吸吸尘。

厨房的碗筷堆得快溢出水池，窗上积了一层灰，脏衣服满地都是。

与其惹得自己心烦意乱，不如花点时间吸吸尘、擦擦灰，整理一下。当你环视四周时，心情会无比的畅快。

（8）远离电视。

研究显示，以看电视为生活重心的人，比较不快乐。是的，有时候躺在沙发上，盯着电视一整天，最后感觉好像什么也没看到，什么也没记住，然后就开始懊恼后悔，不该让电视占了那么多的时间。

（9）静下心来看本书。

还记得书本散发的浓浓墨香吗？还记得手指翻动书页的温柔触感吗？还记得上一次被书中的情节深深感动是什么时候吗？找个时间，冲杯咖啡，再回味一次那种感觉吧！

（10）买件礼物送自己。

买件礼物送自己，可以是一束花、一双昂贵却十分舒服的鞋，甚至是一顿讲究的可口菜肴。偶尔宠爱自己，足以治愈高压紧张所带来的坏心情。

总之，拥有好心情的秘诀就是：尽量增加令自己快乐的活动。只要你愿意去寻找，就一定能够从平凡的生活中发掘到更多的快乐。

40 岁女人告别虚荣

人性中有个重要弱点，就是贪慕虚荣，而人到了 40 岁后，总是迫切地渴望别人对自己的行为表示认可，对自己的人生给予肯定。于是虚荣心膨胀得一发不可收，听到赞扬吹捧就眉开眼笑，没人吹捧就自我吹嘘。总之一定要别人承认自己无所不能，然而这样的虚荣心不但会使人迷失自我，更甚者还可能毁掉一生。

有一个 40 岁的县委书记，是退伍军人出身，在部队里当兵的时候，

非常艰苦朴素、勤俭节约。退伍以后，他从小科员做起，兢兢业业，几次受到表彰。后来，由于机会来临，他步步晋升，最后做到县委书记。在刚做县委书记的时候，他为官清廉。可是，后来他就不行了：贪污受贿、卖官鬻爵，无一不为。被捕以后，他一把眼泪一把鼻涕地忏悔说："本来我是不会这样做的，可我那些部下们天天都在耳朵旁边灌输，说我如何如何的英明、智慧，说我如何如何的受人爱戴、受人崇拜，说我应该得到这些，我就给弄糊涂了。"小官僚的这些溜须拍马的行为，让这个县委书记的虚荣心得到了满足，让他产生盲目的优越感，让他以为虚荣心的满足就是物质上的满足、肉体上的满足。虚荣心实在害人不浅。

还有一些人为了虚荣，毫无主见，甘愿被人牵着鼻子走，吃了亏也偏要"打落牙齿和血吞"。

一些推销员，在向 40 岁左右的女人推销化妆品的时候，会故意露出一句："这种产品你都不知道？大家都在用了呀！"这语气，好像那个女人不懂行情似的。这一来，就激起了那个中年女人的虚荣心。她会说："谁说我不知道？我只是觉得……"这个时候推销员说："不放心？像你这样有眼光的人，肯定不会看走眼，你挑一个，肯定管用。"这种夸奖真是来得恰到好处，那个刚刚差点受损的虚荣心，立时得到了满足。于是，她就毫不犹豫地买下了这个推销员的假冒伪劣产品。而事后，那个女人发觉自己因为虚荣的缘故上当受骗了，她不愿意让别人知道自己上了当受了骗，所以，她还会说那个产品如何如何好，自己如何如何眼光准确，判断有力。

然而并不是所有的人在所有的时候都能得到赞美，得不到赞美的爱慕虚荣者怎么办呢？别急，人家自有"绝招"，嘴不是长在自己身上吗？没有吹捧也可以自我吹嘘呀！

自我吹嘘的学问也很大。例如，你可以跟初次见面的陌生人大吹特吹，因为他不知道你的底细，但一旦被拆穿，你的尊严就要被踩在脚下了；你也可以为了出名而吹嘘，这种情况下，你多半要提出你有"能力"的"证据"，但"证据"也往往会变成"把柄"，所以你要随时做好夹起尾巴走人的准备！

人有虚荣心是在所难免的。适度的话，它会成为你前进的动力，但太过爱慕虚荣就会使你的心态扭曲，害己害人。虚荣毕竟是一种虚假的荣耀，真想得到赞美的话，何不脚踏实地地努力一番，只有真的成绩，才经得起实践的考验。

超出需要钱就是废纸

也许一个女人年少时会把钱看得很淡，但人到四十，上有老，下有小，肩上的责任日复一日地加重，这时钱的重要性就会越来越明显，努力赚钱是无可厚非的，但要把握一个度，超出了个人的需要，那么钱就是一串数字，一堆废纸而已。

人的欲望是一种本能，不是罪恶。每个人都会有欲望，只不过每个人的欲望都不一样，有些人希望"五子登科"，有些人希望美眷巨宅，有些人希望名与权皆备。过多的欲望，会使有血有肉的人变成机器，少欲的人，才能得闲，无事当看韵书，有酒当邀韵友。

老实说，钱可以买到"婚姻"，但买不到"爱情"；钱可以买到"药物"，但买不到"健康"；钱可以买到"美食"，但买不到"食欲"；钱可以买到"床位"，但买不到"睡眠"；钱可以买到"珠宝"，但买不到"美丽"；钱可以买到"娱乐"，但买不到"愉快"；钱可以买到"书籍"，但买不到"智慧"；钱可以买到"谄媚"，但买不到"尊敬"；钱可以买到"伙伴"，但买不到"朋友"；钱可以买到"权势"，但买不到"威望"；钱可以买到"服从"，但买不到"忠诚"；钱可以买到

"躯壳"，但买不到"灵魂"；钱可以买到"帮凶"，但买不到"知己"；钱可以买到"劳力"，但买不到"奉献"；钱可以买到"财富"，但买不到"幸福"……

钱是生活之必需，又是万恶之根源，就看你如何驾驭！

一般情况下，人们只跟自己的同事团体来往，这个团体才是他们衡量自身成败的参考指标。例如，在一些国家，年收入在 2～3 万美元间的阶层，有他们自己的社交圈子。在这个圈子里，一年赚 2.96 万美元的就堪称高收入，2 万美元的则是低收入。一年赚 2.96 万美元的人如果要采用一年赚 10 万美元的人的标准，结果一定是有失落感，而非满足感萦绕。如果人人都和洛克菲勒或唐纳·川普比较，我们的社会一定比现在更动荡不安，许多人也会终生不满，生活在痛苦的深渊。

问题是人的一生要多少钱才够用？也许你没有算过，但可以告诉你，只要不是太奢侈，大多数人所赚的，往往多过于自己的需求。

奢侈，可以说是有钱的现代人的最大迷障。

哲学家说，钱有四种意义：钱是钱，钱是纸，钱是数字，钱是冥纸。但一般人都多赋予了另一个意义：钱是万能。

钱能取来花用，算钱。

赚了钱，但换成数量庞大的房子、车子、土地，守着不能用，叫纸。

把钱全存进银行，以数字的变化为荣，钱是数字。

赚太多了，身体撑不住了，钱会是冥纸，烧给自己用。

很多年前，有一个商人为了显示自己的奢侈，用大把百元的大票粘贴成巨大的喜字；后来便有了一群商人为了满足自己的奢侈之心，开起了什么人体的盛宴；再后来，有了以金箔作为一道菜的黄金宴；有了 20 万元天价的年夜饭，这些都是人的奢侈之心在作祟。

这能说明什么呢？我们很难想象它带给人们的是怎样复杂的联想。

要知道，在一个文明的社会里，社会越进步，人们就越提倡简朴，即使是在最发达的资本主义国家美国，人们仍然以穿着的随意作为日常生活的时尚，拥有数百亿美元之巨的比尔·盖茨，也会为节省几美元的停车费而宁愿将车多开出一站地。

钱非万能，但没钱万万不能，所以该学会，当用则用，当省要省。

如果你检查一下屋里的后阳台，便明白自己的奢侈指数，满满一箩筐未曾用过的东西，用了一次便准备扔掉的器皿，回收的旧衣全是新衣，还有亲友送来的礼品，这些全是物欲横流的证据。

一顿便餐花了数百元，一件衣裳花了上千元，一双鞋八九百……这样的数字令人惊心。

我们忘了人生是一种矛盾，想奢侈就必须多赚钱，努力工作一定没时间，太过操劳，身体一定不好。

生活果真两难呀，如何两全其美，可是学问。

那么，怎样收起你对金钱的贪念，养成俭朴生活的习惯呢？

一是要减少越多越好的欲望。

如果不乱花钱，便可以不拼命捞钱，便可以多出许多自在如意的时间，供自己随意取用。开始奉行"少即是多"的哲学吧，贪心少少，时间多多；东西少少，空间多多；工作少少，健康多多。

二是不要盲从于某些流行的产品。

避免追流行，因为它只是一种把你的钱从荷包里勾引出来的前奏，一件衣服只穿一个夏天，但得花掉你半个月的薪水，怎么也不划算呀。换作是我，只买自己喜欢的，而并非流行的。

女人节制浓妆艳抹，也会省去不少钱，许多化妆品里都含有某些伤害人体的物质，浓郁的香气，甚至会破坏呼吸系统的功能，消费也相当惊人。

三是别买那些眼下看来毫无用处的东西。

你的家绝不是垃圾堆置场，千万别把那些买来只用一次，或者根本不用的东西摆在家里，占据一个原本已小的空间，它往往只会让你心情

不好，别无他益。

四是多从关心自我的角度去设计生活和工作。

人生本来就是矛盾的，太会赚钱的人，没时间陪家人；努力工作的人，体力变差；很有钱的人，很会花钱；试图拥有全世界的人，小心赔上一条命。

对财富的追求要有一定限度，一个人即使有 1000 处房产，也只能睡在一张床上。所以，40 岁的女人们，不要让钱迷住你的心，金钱够用就好，把精力全部投注于追求财富上只会伤身而已，别无益处。

做可爱的"糊涂"女人

看看社会上那些 40 岁左右的人，一个比一个精明，一个比一个爱较真，生怕什么地方犯糊涂吃了亏。《红楼梦》里批王熙凤说"机关算尽太聪明，反误了卿卿性命"。这就是在告诉我们不要学王熙凤式的精明，世事复杂，我们不可能把每件事都弄得清清楚楚，这样做只会给你带来无尽烦恼，影响你的生活，所以做人还是"糊涂"点为好。

在风景如画的苏州，住着一位广告公司的米小姐，由于受父亲的影响，她对玄学有着浓厚的兴趣，以至于每次做生意或外出都要为自己占上一卦，看看运气怎样。有一次她要去韩国谈一桩十分重要的生意，在出发前，她在家里又为自己算了一卦，卦面上的内容还不算差，于是她高高兴兴地出发了。到机场买好机票，还有几分钟剩余时间，米小姐走到电脑算命机旁边，"名字叫米云，体重 51.5 千克，要搭 2 点 35 分飞机去韩国……"她深感吃惊，因为上面写的内容除了体重 51.5 千克比她实际的体重多两斤外，其他完全正确，她觉得有人在开玩笑，于是又踩上去，投了一块硬币，接着，又掉下来一张命运卡：你的名字还是米云，体重仍是 51.5 千克，你还是要搭 2 点 35 分的飞机去韩国……她更纳闷了，她想："其他一切都那么准确，为什么偏偏体重多出了两斤？肯定是有人在故意捣蛋。"

米小姐决定捉弄一下对方，她到大厅的洗手间里换了一件套装，并在化妆上也稍加修饰，她相信现在的她就是妈妈见了也要看上一刻钟才识得出来。她再次踩上算命机，投下了硬币，命运卡又掉下来了："你的名字还是米云，体重还是 51.5 千克，不过你刚刚已经错过了 2 点 35 分的班机。"

这个故事听起来似乎有些荒诞，但是在现实生活中，确实有很多人都想不开，爱较真，结果因对一个自己明明心知肚明的道理或事情过分较真而耽误了生命的班机。

《圣经》里有这样一句话："你自己眼中有梁木，怎能对你弟兄说：容我去掉你眼中的刺吧！"先去掉自己眼中的梁木，然后才能看得清楚，去掉你弟兄眼中的刺。一些女性之所以不幸，就是因为她们太过认真，也太过敏感了，对待生活有时几近一种病态的苛刻。而这种苛刻又在很多时候是不讲理或不正确的，就像有一则故事里所讲的那样：

某地有一个又懒又喜欢谈论别人的妇人，一天，她看见邻居晒在阳台的白被单沾了许多黑点，便嘲笑说："我看这家女主人连衣服也洗不干净，不会理家，只会吃饭。"哪知当她推开自家的窗户一看，邻居的被单洗得又白又干净，这才发现原来是自家的窗户污秽不堪。

所以，为了不犯这样的错误，我们不妨"糊涂"一些，这样不但可以平静地原谅了别人，有时也是对自己的一种保护和释放。

糊涂，人生的大学问也。怎样艺术地、高明地糊涂，学问深也。清代郑板桥为排遣自己一时的不得志，便得出了"难得糊涂"的结论，并进一步指出，"聪明难，糊涂难，由聪明而转入糊涂更难"。

世人都愿当智者，不愿做糊涂虫，更不会心甘情愿地由聪明而转入糊涂。事实上，聪明有丰富的内涵和不同的层次。而糊涂呢，也有丰富

的内涵和不同的层次。认真地做些研究，就可以发现聪明有初级的聪明和高级的聪明之分，糊涂有低级的糊涂与高级的糊涂之别。

所谓顶级的聪明就是"糊涂透顶"的聪明，老子称之为"大智若愚"，即"真人不露相"。所谓初级的聪明就是表面化的聪明，荀子谓之"蔽于一曲，暗于大理"，即"浮精"。

所谓顶级的糊涂就是"聪明绝顶"的糊涂，孟子称之为"隐而不发"，即"面带朱相，心中嘹亮"。所谓低级的糊涂，就是从里到外的糊涂，俗称"木头脑袋"、"不开窍"，即压根儿的糊涂。

在这里，特别要引为警戒的是，从来就没有聪明过的人，千万不要侈谈糊涂，更不要去追求糊涂。正如常言所说：亡国之臣不敢言智，败军之将不敢言勇。没有达到真聪明，还未摆脱低级糊涂的人，贸然地去仿效"聪明的糊涂"，那就真要糊涂到底、一塌糊涂了。

不懂糊涂之奥妙的聪明，处处锋芒毕露，像无制动器的火车，极易肇事。

通晓糊涂之奥妙的聪明，正如火车装上了制动器，可以安全可靠地向目的地进发。

不知糊涂之奥妙的聪明，固执死理，不通人情，像书呆子一样经常碰壁。

掌握糊涂之奥妙的聪明，能"合乎天理，顺乎人情"，是真正的明智者，处处受到欢迎。

"糊涂"是升华之后的聪明，是一种明哲保身的策略，如果你能学会这种"糊涂"之道，那么你的人生一定会更顺遂。

八　知足是福　平安是乐

　　40岁的女人，如果被问到幸福是什么，你是不是还会犹豫良久而没有答案？幸福，不仅仅是物质的丰裕不匮乏，它更是一个人的心境。

　　世界上的苦闷人往往都是因为自己的欲望太多，拥有再多的物质他也仍然不能满足，一世的追求到最后却往往只是一场空，丢失的很可能是亲情、爱情、友情等这些物质与金钱不能衡量的东西。

　　所以丢掉无止境的欲望，珍视自己已然拥有的东西，你才会从中获得快乐，并且你的人生财富无法估量。所以幸福与否的决定权就在于你自己。

知足是打开幸福之门的钥匙

快乐生活其实说到底还是人的一种心态、一种态度，佛家说的好，欲望是痛苦的根源，无欲则无求，没有什么要求也就无所谓实不实现，哪还有什么好痛苦的呢？说这些，实际上并不是让天下人都无欲，那社会就无法进步。但我们完全可以折中一下，知足常乐。只要我们调整好自己的心态，对自己的生活、工作感到满足，我们能不时时享受到自己的快乐生活吗？

每个人都有自己的目标及梦想，40岁的女人更有自己的目标，这种想法无可厚非，因为每个人都有得到自己梦寐以求的东西的权利，但是这种执着的追求可能会造成困扰，那就是忽略了知足，忽略了珍惜，也就是忽略了身边美好的事物，忽略了享受生活本身。无论你的目标是变成人人羡慕的明星，还是变成百万富翁，或者成为人人尊敬的对象，都不能让这些欲望带你走上充满诱惑的路径。一旦未来比现在更有趣味，目的地的重要性就会比过程还高，于是你就会过于执着于遥远的未来，而忽略了现在，但现在才是最美好、最难能可贵的。至于目的地，就算有一天你真能达到，也会发现它竟然如此乏味无聊，实在不如从远处看的那样好。

为什么呢？因为若要达到长期目标，你必须要做一定的牺牲，但是如果这种牺牲过多，甚至剥夺了你现在应该享受的很多欢乐，就会走上自我否定的道路，从而你就会过上一种相当阴沉、毫无希望的生活，那样做一点也不明智，你用的是实实在在的现在去换取虚无缥缈的未来。所以，我们要知足，要珍惜现在拥有的一切。

过多地把眼光放在未来，就会把关注现在生活的时间给占用了。试着每一天让自己的生活更美好一点。如果你投注了足够的精力在你现在的生活上面的话，你可能会吸引来更好的未来，而不是去刻意地努力追求。也就是说，你已经拥有了美好的现在，不必太过于处心积虑，美好的未来就会自动找上门来。

人的精力是有限的，工作与生活的关系似乎就成为矛盾，但谁又能说工作与生活不可兼得呢？只要我们摆正心态：在家全心全意地陪伴家人，在公司完全专注于工作。这样，我们在工作上的决策品质更高，更快速，本身也更有自信，而且在家也是一个称职的妻子和母亲。在工作和生活两者之间，选择一个中间点，使自己的心态达到平衡，珍惜现在的生活比一味追求未来更容易让人感到幸福。

"现在我就是最好的女人"。持这种心态的女人往往比较自信，也比较懂得享受现在的生活。但是现在好多女人都不知足，都在努力地让自己变成"更完美的人"，这样往往让自己失去了自己的个性，那个你期望成为的人就存在你的身上，也许现在只显露了一部分，但是时机一到，你身上那个更好的人便会绽露光芒。

自信是你身上非常重要的部分，缺点是你非常宝贵的资源，如果你有缺点，一点一点地发掘它们，再让自己在解决缺点的同时逐渐成长。这将是一场艰苦的战争，你必须紧握拳头，与自己作战。但是这样又会造成自己对自己苛刻要求，不要太强求自己，以免造成自欺欺人，直至最后失去自己。

未来不需要你去改变自己，但是需要你的成长。你必须在你的内心进行大量的不受拘束的坦白的对话，之后慢慢努力，继续维持，让自己成长。

对有的人来说，计划看起来很美好很合理，但是它仅仅是个目标和理想，只是内心对未来的一种期许。做计划有时候是必不可少的，但除

此之外还有许多重要的事情需要你去完成：为了成长，你必须愿意以轻松的态度看待计划，而且要快速学习。若能迅速地吸收新的想法，不固守成规，就能让你的未来更加璀璨。成为活在当下的学习者要比专业的计划者更加成功。试想，科技以何等惊人的速度改变我们的生活，而且这种趋势绝对会持续不止，即使是 10 年的计划也会显得跟不上时代的变化。生活的步调变得那么快，制订计划的技巧可能在你还没有精通的时候已经过时了。因此，不要再固执于计划，不要再按部就班地要求自己，适时地改变，以一种轻松的态度去看待计划，那你的生活压力也就不那么大了。

如果你是一个追求洒脱的人的话，就去寻找那些能够自得其乐、生活得很有价值的人。如何找到这样的人呢？只需要你自己也是那种自得其乐，懂得运用创意凸现自己价值的人。

一个懂得爱惜自己的女人，应该是懂得适时给自己减压的女人，所谓宠爱自己，便是时时刻刻对自己好一点，给自己做一顿大餐，给自己买一件平时舍不得买的衣服，和家人或朋友去远游一次，或者就一个人去自己喜欢的酒吧或咖啡馆享受一个宁静的下午。

没有任何人可以给自己减压，唯有自己，把心态放轻松，把握现在的生活，享受已经得到的幸福。

知足常乐。人不可缺乏进取心和奋斗精神，但一味地追名逐利反而会得不偿失。只要努力过，且通过努力进步了，收获了，就不要对自己苛求。

知足就是对已经得到的东西或者愿望感到满足。知足常乐就是客观地认识和准确地判断已经实现的目标和愿望，并充分肯定目前的状态，从而始终保持愉快、平和的心态。知足常乐要求我们要有适可而止的精神，它并不是安于现状，不思进取，故步自封，而是对现有收获的充分珍惜，对目前成果的充分享受，也是对现有潜力的充分发掘，为今后的创新和进步提供平台。理性的进取应该以知足常乐的心态为基础。我们在生活中，往往总在考虑自己并未得到的东西，而忽略已经拥有的东西，以达到欲望的满足。不知足导致人们往往会用不正当、不符合伦理的手段达到人们欲望的短暂满足，而由此给人们带来的巨大精神压力和不良的社会效应也并不会带来"常乐"，这正是因为没有适可而止的精神和知足常乐的心态而造成的。

"知足常乐"能使人心平气和，尤其是在遇到不平事，不公平待遇，心情感到委屈、憋闷或心理不平衡时，多想想已经得到的东西，多品味几遍这几个字，也许很快就能使心情轻松平和起来，将心中的不悦之情，满腹怨恨之气，在心平气和中悄悄释然，使心情由坏变好，达到神安又气顺，"消消气"的功能还是有的。

"知足常乐"能起到开导解劝的作用。记忆起"知足常乐"这几个字，就会自觉丢掉许多的俗语与贪心，使人变得更加理智与聪明。对人对事，对名对利，对钱对物，目光都能看得更远，使性格豁达与大度。

"知足常乐"，又似一剂心灵的良药，很唯物，很现实，也很见效与管用，它告诉人们一个普遍的真理：烦恼多与"不知足"有关。一些心理疾病与精神上的障碍形成，也多与一个人的气不顺，心不平，身心欠调理相连。若一个人能去掉了过分的私欲与贪心，变得知足知够，就会通情达理，就会少钻牛角尖。"知足"是"常乐"的前提，"常乐"是"知足"的结果。二者相辅相成，互为因果。

知足常乐正是无穷的欲望和有限的资源之间达到平衡，知足更是一种智慧，常乐更是一种境界，让我们怀着一颗知足感恩的心，享受成绩，享受家庭，享受生活，享受工作，感受快乐。

品味做一个凡人的快乐

我们本都是凡人，本有自己的幸福与快乐，不必为种种繁文缛节而强迫自己去做那些并不想做的事，不必为别人对自己的种种评价而耿耿于怀，也不必在痛苦、伤心、难过的时候，一边强颜欢笑，一边却在舔着自己的伤口，心里在流泪。凡人，想哭就痛快地哭，想笑就放声大笑，不必有所顾忌，也不必搞得自己身心疲惫，头破血流地去追逐那些如同浮云一般的名与利。40岁的女人们，当你深夜仍在伏案工作时，当你忙完才想起没吃午餐时，不要忘记累了就歇歇吧，让心停止漂泊，回到最真实的状态，做一个凡人吧！

做一个平凡的人好。因为做凡人不累，做凡人轻松，做凡人自然。做名人固然好，但一般人做不了名人。做名人要有常人没有的条件，比如天生的特长，过人的资质；后天成长的道路，周围的环境，以及成为名人的机遇等等。以上条件是不可缺的，可见做名人之艰难。

其实，做名人很累，因名而累。一个人一旦功成名就为世人所关注，从此开始一言一行，一点一滴，必须有名人的行头、名人的腔调、名人的举止、更要有名人的做派。否则，名人自己也看自己不像个名人，别人就更把自己不当名人了。在一个大众场合，名人都得那么一"拿"，"拿"出名人的派头，"拿"出名人的腔调，左右的人再那么一吆喝，这名人的做派就出来了。水涨船高，人抬人高，名人的身边经常得有"随从"，既要为名人"开道"，还要为名人"护驾"，就是名人去厕所也得有人"陪着"，你说做名人自然不自然？

过去把人分为三六九等，名人很少，除了能"琴棋书画"、"诗琴歌舞"者，能在一个圈子里小有名气外，大多都是为官的人被视为名人。当然，县太爷、知府大人就算一个地方最大的"名人"了。谁要不认识县府大人，那可就是有眼不识"泰山"。当然，哪个人如果被点了举人，胸佩大红花，头戴高礼帽，乘着八抬轿，前呼后拥地衣锦还乡，不仅威风八面，光宗耀祖，还将一日之内成为名人。如果被皇帝看中点了状元，那可就名气冲天，举国扬名了！

自古至今，名人确实不好当，一般人最好还是少做名人梦，少有非分之想，一切顺其自然吧。

做人一定不要太争面子，一定不要虚荣心太强，更不要这山望着那山高，永不休止地好高骛远。其实，走在大众中间才是最安全、最踏实、最快乐的旅行者。

做一个凡人，当作梦梦见自己被人前呼后拥，醒来时千万不要当真并且相信。当太阳从东方升起，确认自己看见了红红的太阳，你可以安心做事，因为现在你属于自己，因为现在你正开始你一天的真实生活。真实，其实就是生活中的一点一滴，是琐碎的。

（1）拥有与被拥有是相互的，拥有的越多，被拥有的也越多。

比如你买了一辆车子，你拥有了它，但同时你要开始还贷、要保养，出了事故要"替它"负责，你要花大量的时间精力在它身上……那么恭喜你，你也被车子拥有了。

如果你想拥有你自己多一点，那么请你拥有其他东西少一点。

（2）一个孩子长大的过程，也是父母希望破灭的过程。

自己长大的过程，也是自己一个个希望破灭的过程。

（3）争论或者说辩论是非常没有必要的，争论的结果除了你永远说服不了对方（最多也只是口服心不服），便是增加对方对你的怨气。

（4）多鼓励。想想自己是喜欢被人鼓励还是喜欢被人骂，你知道答案了吧。又有这样一种情况：一个杀人犯不会从心里说，这完全是我

的错，他会给出一万条理由他为什么会这么做，即使这样的人，你批评他他都不认错，那么谁还会承认自己的错误呢？所以批评别人是没有意义的，因此，当你想批评别人的时候，请闭上你的嘴。

（5）少抱怨，或者说千万别抱怨。你向别人抱怨，那么你想从别人那里得到什么？让别人认可你的看法？抑或是同情？其实别人除了对你的厌烦，什么都不会给你。因此，抱怨没有任何意义！

（6）少比较。人往往通过比较来获得幸福、悲伤、满足或平静等，要是人人都活20岁，只你活到21岁，那么你是否感到这是幸福的？那么要是人人都活到500岁，而让你活到100岁，你可以接受这个现实么？可见人们喜欢从比较中得到快乐和满足的，但是这样的快乐和满足都是暂时的，无法永恒，因为你不可能是最好的。假设你有1000块钱，A只有100，那么此时你是满足的，但是当你看到B有1万元时，你就不快乐了，也许明天你有10万元了，或许你又会感到满足，但是当你看到C有100万元时你又不满足了……因此，如果你想求一个永恒的心静，得到永远的快乐和满足，那么千万不要和别人比较。

（7）你想活在人类社会中，那么你就得看书，或者说是学习，学习人类的游戏规则，学习人类的人生哲理。什么样的人可以不看书，世界上只有一个人的时候，一个没有任何欲望，不需要知道一点道理的人，他不需要学习。可惜这样的人是不存在的，因此要记得看书。

（8）哲学是必须得学习的东西，要做官就得先做人，要工作也得先做人，做人都做不好还谈什么做官、谈什么工作。因此，无论如何你得考虑如何做一个人，这就是个人的哲学问题，可以说人类、人类所有的知识都是开始于哲学，最终归结于哲学，其他所有的知识只不过是中间的一个过程。因此，记得给自己"写一本哲学书"。

（9）与人为善。人与人之间的关系是一对反作用力，你给别人多少爱，人家也会给你多少爱，你给别人多少恨，别人也会给你多少恨，你对所有的人一视同仁，你对所有的人都心存善意，那么所有的人给你的也是微笑和温暖。所谓"善有善报，恶有恶报"也是这个道理。

（10）要学会感谢。感谢生活，感谢身边的每一个人，感谢上天又给了你一天的生活，要有一颗感恩的心。即使明天你要走了，你也要感谢上苍又给了你一天。

（11）少忧虑。要知道医院一半的病床是为精神有问题的人准备的，你永远担心不完你要担心的东西，昨天已经过去了，因此昨天的东西你不必担心了；明天还没有到来，明天有很多未知的因素，那么你有什么好担心的，你根本不知道你担心的事会不会发生；至于今天或者说是现在，你或许可以担心现在的不利因素，但是既然你现在还活着，你还担心什么？还有比是否能够活着更需要担心的东西么。因此，请不要让心淹没在忧虑的海洋中，更何况有人说85％的忧虑都是不会发生的。

（12）由于每一个人对事物的认识有所不同，人生观，世界观的不同，导致了人与人之间会产生误解，因为不同的人看同一个事物是不一样的，因此，误会和争辩是难免的。而同一个人随着时间的不同，周围环境的变化对事物的认识也会有所不同，这相当于同一个人在山脚时看到的是一个景象，到了山顶看到的会是另一个景象。因此，我们不能强求别人的想法和看法都和我们一样，也没有必要去争辩或争吵。

（13）想了就去做。很多事情其实很多人都想到了，但是做的又有几个呢，因此成功的也就没有几个，比如环境保护，很多人都有好点子，但真去做的又有几个人呢？因此，想与想并做是有本质区别的。能去做固然是好，且让我们暂时称此类人为勇者吧，但是"勇而无礼则

乱"，也就是说有勇气固然可嘉，但是做事单凭一股冲劲是不够的，还需要什么呢？礼。何谓礼，良好的内心修养，说到修养那就多了，但总的来说有谨慎的内涵修养是成功的勇者所需要的，也就是说做事得三思而后行也！

（14）莫生气。人生恰如一场戏，生气的时候想想，你生气你能得到什么，除了自己不开心，旁人不开心，还会有什么收获呢？

（15）莫撒谎。人若撒了一个慌，那么就意味着他要圆谎，当他圆谎时，他势必又得说个谎话。周而复始，为了圆一个谎言，他就得说无数个谎言，但是天网恢恢，疏而不漏，总有一天谎言要被戳穿，那么何必一开始就要说谎呢，而且说谎本身不是个轻松的事，要是你觉得说谎不累的话，可以一试。

（16）助人莫求谢。当别人帮了你，但从此以后天天在你的耳朵边说，我帮了你，要是我不帮你，你会怎样怎样。时间一长你的心里会怎样想？厌烦与厌恶肯定油然而生。

（17）有付出才有收获，世界上每个人的付出总和等于得到的总和，即 A 得 + B 得 + C 得…… = A 付 + B 付 + C 付……但这不能说 A 付 = A 得，而实际上相等的几乎是没有的。因此，对一个个体来说，当一个人付出很多，而得到很少时，不必抱怨，也不用想不通，因为别人得到的多了，你必然得到的少，因为总量只有这么多！

把自己看作凡人吧，更为关键的是保留一颗平常的心！

把自己看作凡人了，那么由于膨胀的欲望不能满足所产生的痛苦就消失了。人生在世，碌碌无为不行，必须要孜孜进取，但是要做到淡泊名利，宠辱不惊，看庭前花开花落，去留无意，观天上云卷云舒。对名利的过度追求，就会沦落到人心不古的烂泥深潭。试想，求名的，何时为止，全球第一可只有一个啊。求利的，多少钱为止？当对金钱的贪婪仅仅是化作数字的游戏，人收获的不一定是幸福。看看那些可悲的沦为阶下囚的贪官，有几百万几千万元了，还是贪，欲壑难填。可是，取时只恨聚无多，等到人陷囹圄，发现对金钱的贪婪其实是人生的笑剧。还是那句话，金钱可以买来房子车子，可是永远买不到的是人的幸福感。

人在世上，更重要的是幸福感。出了名的，发了财的，升了官的，帝王将相，才子佳人，凡夫俗子，面对人生的短暂都是一样的。有句话说得好：走过坟墓，我们将会平等地站在上帝的面前。

幸福就是兼顾事业和家庭

40 岁女人大多拥有了自己的家庭和事业，这就使她们常常要面对一个两难的局面：重视事业还是家庭。有些女人形容这种情况是"蜡烛两头燃"，夸张吗？并不。

40 岁的黄女士是一个在外人看来非常成功的女人，她本人是一个知名的室内设计师，丈夫是北京某集团公司的总经理，夫妻伉俪情深，膝下还有一个 7 岁的聪明可爱的女儿。然而黄女士说"家家有本难念的经"，她正被家庭与事业的选择所困扰着。不久前，正在与客户谈判的黄女士接到保姆打来的电话：孩子发烧了，让她回家。虽然心急如焚，但她又怎能丢下好不容易争取来的大客户呢?！那晚回家后，一向体贴的丈夫发火了："这女人啊！就不能让她做事，一做事就连轻重都找不准了！"黄女士哭了，我做错了吗？

其实，今天的女性早已经认识到了，要想被这个社会承认就必须要和男人一样拼命地工作，全身心地投入。因为女人知道许多男人一直没把女人放在眼里——虽然他们也时常嘴上喊着尊重女性。女人必须用自

己的工作成绩证明给男人看，女人在工作上并不比他们差，女人必须和男人一样在社会上为自己争得一席之地，这对肯于付出辛勤劳动的女人来说并不是件难事。女人要用事实证明女人和男人一样可以挣钱养家糊口，女人不能为了一口饭而忍气吞声。然而，绝大多数的女人却要为此承受着巨大的精神压力，女人在实际工作中遇到的阻力和困难要比男人多得多，得到的却要比男人少得多。可以说很多时候，女人与男人显然是处在一个不公平的竞争环境里，整个社会对女性的要求总是比对男人更苛刻，今日的许多女性仍然处在这样的选择之中。家庭作为生存单位作用于两性职业发展过程中，成为女性职业发展道路上的温柔陷阱。掉进这个陷阱的女性，有的本身非常优秀，但当选择回归家庭时，她会这样很自豪地安慰自己："我有过成功的事业，我同样也能当主妇，我什么都能干。"但这并不是完美的女人，完美的女人一定能兼顾事业和家庭。

惠普前总裁菲奥里娜、阳光文化主席杨澜、维亚康母的中国区部总裁李亦非，以及众多成功的商界女性，都说明女性在商界的兴起已经是明显的趋势，但阻碍商界女性走上权力塔尖的往往是家庭。一年前美国一项调查要求 3 000 个 33 ~ 40 岁左右的女性，提出女性进步的最大障碍，73% 的女性认为是个人和家庭责任。

现在，家庭负担对女性事业的障碍似乎可以通过颠倒与丈夫在家里的位置而彻底解决。虽然观念已经转变，但在家庭这个领域会有根本性的变化吗？情况恐怕不乐观。《财富》杂志认为，"家庭主男"现象的发展可能到此为止了。大规模的妻子上班、丈夫居家的生活方式可能永远不会到来。传统的习俗和观念就是这样根深蒂固，我们太习惯——待在厨房穿着围裙的那个就是妈妈，穿着笔挺西装去上班的那个就是爸爸。

尤其是女性在职业领域取得的所有进步，以及男性在这个方面对她们的接受并不容易，不管是男人还是女人，都会对性别角色的彻底转换感到不适。如此违背惯例的生活是要付出代价的，比如说女人必须适应一直是由男人肩负的生活负担，成为养家糊口的人。她们放弃的不仅是宝贵的和孩子们在一起的时间，还有私生活。即使她们努力弥补那些损失也会得到严厉的指责：一个不负责任、不称职的母亲。所以，连有西方文化背景的杨澜和李亦非一有机会就会对媒体谈到孩子，这或许是缘于心理恐慌吧！

这种社会角色的转换对男人来说更不容易。他们在运动场上，在参加如何教育孩子的活动中，都会受到轻视。他们在空房子里四处敲敲打打、修修补补的时候还必须对付自己心中的疑虑。每个人都想知道他们哪儿不对。他们被解雇了？他们是失败者？如果家里有保姆，他们就会被揣测为吃软饭的人，是"靠妻子吃饭"成员。即使保姆能让他们从全职的家庭工作中解脱出来，也不能让他们从心魔中解脱出来。

尽管面对如此多的障碍，作为女人还是要坚信"工作也是女人的天职"。即使是在大男子主义依然盛行的今天，女人应该有自己的工作和相对独立的生活空间，记住：幸福是自己创造的，而不是别人赐予的。有一个建议是，女人要懂得如何获得家人的理解，让你的丈夫认识到你正在为家中所有人的生活打拼，你的成功是全家人的光荣。当然你也不要忘记家庭是人生的堡垒，只有后顾无忧，才能精力充沛地投入工作，所以也不要忽略了你的家庭建设，多给家人一点关爱！

会理财的女人才能给家庭带来幸福

家庭中，财务大权常常掌握在女人手里，男人决定家庭生活的水准，女人却能决定家庭生活的品质，因此，女人的理财能力对家庭生活的幸福感影响是非常大的。

那么，怎样才能做好家庭理财呢？

（1）真实地记录每一笔收入和支出。决不要认为家庭账是记给自

己看的，小数目可以忽略，因为积少成多，时间长了就是一笔大数目了。通过记家庭账能充分掌握好家庭的收支项目，为家庭的开支提供一些科学依据。每个家庭时时都在自觉或不自觉地做一些家庭开支计划，如下月将增添什么东西，这就是家庭开支计划中的一部分。要使这个开支计划切实可行，就必须了解家庭每月的固定收入及日常生活支出情况。这些只要通过记一段时间的家庭账就可以掌握其规律，使日常生活条理化，保持勤俭节约。

（2）查看用钱是否合理。要把每一笔开支的来龙去脉逐一搞清楚，确保当月资金的周转，每月用2/3的收入管好柴米油盐，以及给儿女购买玩具、书籍，为双亲添衣物等。其余1/3作为活期储蓄。然而，在实际支出中，常会有节外生枝的事，如婚丧喜事、生病等，总有超支的现象。于是，面对这种新情况，就不得不动用部分储蓄了。但是，这是家庭"贷款"，下月如有盈余必须及时还"贷"。

（3）预算工作要做好，就是在本月收支平衡的前提下，计划下月的资金运用，这好比企业的成本核算，是相当重要的。只有运筹帷幄，是亏是盈才能心中有底，不至于花的太离谱。

算了用与用了算是完全不同的，用了再来算往往是要超支，破坏平衡；只有算了再用，才能起到合理安排、收支平衡、统筹兼顾的作用。

如果家庭收入较高的话，可以将家庭资金分为两部分，一部分用于满足家庭正常开支需要，另一部分就可以拿来投资。

投资存在风险，所以要量力而行。如果家里的收入高，且手头宽裕，你就可以做一些高风险的投资，这样回报也会大一点；但收入一般，只有少量节余的家庭，要投资最好还是选择保守型投资。

40岁的丁女士是北京人，目前生活非常优裕，她的丈夫是一家高级物业公司的总裁，年薪过百万。另外，先生还给家人买了大量的保险。

对于丁女士这种没有太多后顾之忧、生活十分富裕的女性，专家建议可以利用剩余的闲置资金尝试一些高风险、高收益的理财投资方式。

当然，并不是所有 40 岁的女人都是家产上百万、千万，大多数 40 岁的女人其实并没有太多闲钱。一方面，她们的家庭收入有限，生活不太宽裕，手头没有太多闲置的财产；另一方面，孩子的教育、父母的赡养等各方面经济压力也较大。这样家庭的女人一般缺少经济安全感，所以在理财方式上，这种家庭适用于保守型，而储蓄是保守型理财的最重要内容。

对于条件一般的家庭来说，教育储蓄是一个不错的选择。专家建议，可以为孩子建立专门的账户，定期存入收入的一定比例，并用账户中的钱进行低风险的投资，以使之不断增值。把这笔钱作为孩子的教育专用款，不到万不得已的情况，不要挪用这笔钱。

除了储蓄外，女人还应为家人购买必要的保险。正是由于经济基础不是太好，所以更需要一定的保障。

家庭理财必须夫妻意见一致。这里，有八点需要提醒正在进行家庭理财的女士们注意：

（1）女性进行家庭理财投资时必须经过丈夫同意。

（2）一定要清楚家里的钱花到哪里去了，必须主动记清家庭账目，了解家庭收支情况。

（3）当夫妻之间对家庭资金的问题有分歧时，一定要坦诚而实事求是地好好讨论，若把不满憋在心里，后果可能不堪设想。

（4）购买数额较大的贵重物品前，夫妻间应商量一下再做出决定。

（5）对于未来需花大量资金的家庭项目，夫妻双方应做到心中有数，最好选在没有财务问题压力的时候讨论一下应如何积累以便实现。

（6）孩子的花费并不是一项小数目，所以，应有所节制，夫妻不能随意满足孩子不合理的花费请求。

（7）解决共同账户或独立账户的问题。只要意见统一，选择哪一种账户都可以。夫妻也可以两人合开第三个账户，用来支付家庭开销。

（8）丈夫稍微"挥霍"一下，不要唠叨，女人应该在预算时留出夫妻双方可以自主支配的资金。

当然，除了家庭公共资金外，许多女人都有一点自己的私房钱，那么如何管理自己的私房钱呢？我们为女性提供有关私房钱的三个原则：

（1）用于有益家庭的事。

40岁的女人为自己存点私房钱并不过分，这个私房钱的数目丈夫可以不知道，也可以不过问用途。但是，私房钱不能用于赌博等不当消费和开支，其用途应该是有益于家庭的。比如，你可以用自己的私房钱在节日、生日之际，为爱人或孩子购买礼物，让家人感到惊喜，促进家庭和睦；也可以用来孝敬父母和处理亲朋关系；如果家庭成员因看病等原因急需用钱，这时主动拿出私房钱，会起到"雪中送炭"的作用；孩子考上大学，用私房钱交学费，这时私房钱又会起到"锦上添花"的作用。总之，女人的私房钱的花销应该有益于家庭。

（2）数额不能太大。

过去，有些女人攒私房钱是从丈夫上交的工资里悄悄留下几十块钱，日积月累，到一定数额后，一部分拿来补贴家用，一部分以备自己不时之需。现在的女人们，即使是全职太太也并不是坐在家里等丈夫的工资，她们中有许多人做兼职贴补家用，所以，积攒私房钱越来越方便，私房钱的数额也越来越大。对于大数额的私房钱，你当然不能全部留下，应该拿出一部分供家庭花销之用。因为夫妻双方都有维护家庭、提高生活质量的义务。如果太太私下里留数额巨大的私房钱，势必会对夫妻正常生活产生不良的影响。

（3）并非每个女人都要存私房钱。

每个家庭的情况都是各自不同的，所以，私房钱的积攒也不应相同。如果你家的收入很低，那就不宜攒私房钱。如果你家的收入很高，而家庭内部其中一位成员有不良嗜好，或者对家庭不忠诚，那你则有必要攒私房钱。这样一旦因其无度消费而使家庭财务捉襟见肘时，私房钱可以派上用场；另外，丈夫若有外遇等原因导致家庭破裂时，私房钱又可以作为自己"无过错方"的"补偿"，对于家庭分裂后的心理不平衡感起到缓和作用。

巧手营造温馨舒适的居家环境

女人最重要的家务之一，就是为自己的丈夫和孩子营造一个舒适的居家环境，一个温馨、舒适的让人留恋的家。

合理的居室布置必须遵守三项原则：

第一，实用与美感相结合。

在居室的布置上，实用功能始终是主要的，家具的选择与配置，色彩的搭配，都要符合主人使用的要求，使人在居室空间生活感到舒适方便。在实用的基础上适当满足主人的审美情趣，居室布置要能体现出一种意境之美，显示出主人独特的品位，如果居室缺乏应有的艺术点缀，就会使人感到呆板生硬。

第二，环境与联想相统一。

居室布置是对室内环境的再创造，从这个角度来讲，布置就不仅仅只是一种简单的装饰了，它能够引起人们的心理联想，创造出更高的意境和气氛。如大海的画面，可以使人感到心胸开阔；松竹的装饰，使人联想到品格高雅；以浅色为主调的装饰，则使居室显得淡雅。通过居室布置，给人以生活情趣的联想，使无生命的东西变成有生命的感觉，就能使居室呈现出一种特有的气氛来，使人感到惬意。

第三，个性与潮流相统一。

女性在布置居室时，自然会体现出自己独特的个性、喜好和文化层次。如果只是简单的布置，与办公楼里的工作环境区别不大，就会使人

增加单调感和庸俗感，不利于人调节精神、消除疲劳。所以，追求简约时应适当地考虑情趣性。在布置居室时还不应忽视时代的潮流，如适当地增添一些反映现代化气息的家具，增加居室的舒适感。好了，下面就让我们看一下具体的布置方法吧！

首先是卧室。卧室是最能体现女人温情的地方。幽谧温馨的灯光，柔滑宽松的睡衣，玫瑰色的床单，软绵绵的床垫，波浪式翻动的拖地窗帘，淡黄色木质装修的地板，通透玲珑的天顶设计，以及空气清新调节器，每一处都透着时尚的气息，却又能让人获得心灵的享受。

然后是客厅。为了迎接客人的到来，也为了让客人满意而归，在客厅里设个酒柜，是女人最聪明的选择。另外再放一些咖啡器皿，牙买加蓝山咖啡，玫瑰绣球大红袍，马嗲利 XO 和一些糖果、罐装啤酒、红酒、葡萄酒等。一应俱全的准备，让女主人享有"鱼和熊掌兼得"的赞美之外，也会让客人依依不舍、流连忘返。

接下来是书房。对现代家庭来说，书房几乎是必不可少的了，无论丈夫还是妻子都会用到它。写字台、书架、书柜及座椅或沙发是书房里的主要家具。对于书架的放置并没有一定的准则。非固定式的书架只要是拿书方便的位置都可以放置；入墙式或吊柜式书架，对于空间的利用较好，也可以和音响装置、唱片架等组合运用；半身的书架，靠墙放置时，空出的上半部分墙壁可以配合壁画等饰品；落地式的大书架摆满书后的隔音性，并不亚于一般砖墙，摆放一些大型的工具书，看起来比较壮观。书桌一般都是选择有整面墙的空间放置，不过也有窗户小或空间特殊的书房，书桌可沿窗或背窗设立，也可与组合书架成垂直式布置。

书房要注意采光。书房主要用来看书，所以对于亮度要求高。书房布置时应注意采光问题，使光线能够照到写字台桌面上。光线应足够，并且尽量均匀。书桌的摆放一般宜选择靠窗的位置，这样白天可运用自然光写作，遇有太阳光直射也能以遮光帘或白纱帘调节光源，避免眼睛受到刺激。舒适而又合理布局的书房能够使人的心灵摆脱白天工作的烦躁，心绪归于平静。

最后别忘了布置一下厨房哦！

俗话说："民以食为天。"一般来说，厨房是女人最显能力的空间，曾有句名言说，"看厨房，才知道主人的生活品位"。如今时代发展迅猛，微波炉、咖啡壶、榨汁机等快捷实用的厨房用具是常备用具，也真正体现了女人的细微之处。在厨房和餐厅的布置中，要注意"小处着眼"。在餐厅和厨房中，有不少各式各样的小装饰物以及各种刀具、餐具等用品。如果利用好这些东西，房间的装饰效果就可"事半功倍"。

女人在布置家居环境时，其实是在经营一份爱，一份对家庭、对生活、对爱人的爱，因此，聪明的女人绝对会不断更新家居布置，让家变得更美丽安适。

身外之物，不必奢恋

40 岁的女人应该明白，我们每一个人所拥有的财物，无论是房子、车子、票子等，不管是有形的，还是无形的，没有一样是属于你的，那些东西不过是暂时寄托于你，有的让你暂时使用，有的让你暂时保管而已，到了最后，物归何主，都未可知。所以，何必为身外之物太过烦心呢？

现代人越来越重视对金钱、权势的追求和对物质的占有，殊不知，金钱和权力固然可以换取许多享受，却不一定能获取真正的开心。

过去有个大富翁，家有良田万顷，身边妻妾成群，可日子过得并不开心。

　　挨着他家高墙的外面住着一户修鞋的，夫妻俩整天有说有笑，日子过得很开心。

　　一天，富翁的小老婆听见隔壁夫妻俩唱歌，便对富翁说："我们虽然有万贯家产，还不如穷鞋匠开心！"富翁想了想笑着说："我能叫他们明天唱不出声来！"于是拿了两根金条，从墙头上扔过去。修鞋的夫妻俩第二天打扫院子时发现不明不白而来的两根金条，心里又高兴又紧张，为了这两根金条，他们连修鞋的活也丢下不干了。男的说："咱们用金条置些好田地。"女的说："不行！金条让人发现，别人会怀疑我们是偷来的。"男的说："你先把金条藏在炕洞里。"女的摇头说："藏在炕洞里会叫贼娃子偷去。"他俩商量来，讨论去，谁也想不出好办法。从此，夫妻俩饭吃不香，觉也睡不安稳，当然再也听不到他俩的笑声和歌声了。富翁对他的小老婆说："你看，他们不再说笑，不再唱歌了吧！办法就这么简单。"

　　鞋匠夫妻俩之所以失去了往日的开心，是因为得了不明不白的两根金条。为了这不义之财，他们既怕被人发现怀疑，又怕被人偷去，有了金条不知如何处置，所以终日寝食难安。

　　就像这对穷夫妻一样，一些40岁女人现在拥有了年少时所渴望的东西，但她们却失去了快乐的感觉。原来，当我们被身外物羁绊住时，我们就会迷失自己，无法弄清什么才是自己真正需要的。

　　南方的一个古镇上有一个铁匠铺，铺里住着一位老铁匠。主要以打制一些铁锅、斧头为营生。他的经营方式非常古老和传统，人坐在木门旁，货物摆在门外，不吆喝，不还价，晚上也不收摊。你无论什么时候从这儿经过，都会看到他在竹躺椅上躺着，眼睛微闭着，手里拿着一个陈旧半导体小收音机，身旁是一把紫砂壶。他每天的收入，正够他喝茶和吃饭的。他觉得自己老了，目前的生活既悠闲又惬意，因此非常满足。

一天，一个古董商人从老街上经过，偶然间看到老铁匠身旁的那把紫砂壶古朴雅致，紫黑如墨，有清代制壶名家戴振公的风格。他走过去，顺手端起那把壶。发现壶嘴处有戴振公的印章，商人惊喜不已，因为戴振公在世界上有捏泥成金的美名。据说他的作品现在仅存三件，一件在美国纽约州立博物馆里，一件在国立故宫博物院，还有一件在泰国一位华侨手里。

商人想以 15 万元的价格买下那把壶。当他说出这个数字时，老铁匠先是一惊，后又拒绝了，因为这把壶是他祖辈留下来的，他们几代人打铁时都喝这把壶里的水，他们的汗也都来自这把壶。

壶虽没卖，但商人走后，老铁匠有生以来第一次失眠了。这把壶他用了近 60 年，并且一直以为是把普普通通的壶，现在竟有人要以 15 万元的价钱买下它，他转不过神来。

过去他躺在椅子上喝水，都是闭着眼睛把壶放在小桌上，现在他总要坐起来看一眼，这让他非常不舒服。特别让他不能容忍的是，周围的人们知道他有一把价值连城的茶壶后，蜂拥而来，有的打探他还有没有其他的宝贝，有的甚至开始向他借钱。他的生活被彻底打乱了，他不知该怎样处置这把壶。

当那位商人带着 20 万元现金，再一次登门的时候，老铁匠再也坐不住了。他招来自己的几房亲戚和前后邻居，当众把那把价值连城的壶砸了个粉碎。

现在，老铁匠还在卖铁锅、斧头，他已经 98 岁了。

对于真正享受生活的人来说，任何不需要的东西都是多余的。要那么多的钱干什么？对于老铁匠来说，房子再大，适合睡眠的却只是一张床；锦衣玉食并不合他的心意，粗布衣衫、白粥咸蛋才是他的最爱。而

这样的生活，需要那么多的钱干什么?!

很多人会说这是一个金钱推动的社会，是人们追求金钱的欲望以及拥有了金钱的虚荣使它永远向前。这是怎样的一种谬论啊！我们应该平静地面对生活给予的一切，不要让欲望这个没有止境的黑洞来洞穿我们的心灵。奢恋身外物的人，很难得到温暖，孤单和寒冷会一直抓住他们，让他们彻底迷失自己。

在我们今天的这个社会里，要冷静而坦然地面对身边的名利的确很难，一般人都无法在心理上达到平衡。其实，与充满金钱的生活相比，平淡清贫不存在真正意义上的缺失和悬殊。金钱，生不带来，死不带去，而享有一次像老铁匠一样真正没有缺憾的生命，才是我们所追寻的人生价值之所在。

在俄国诗人涅克拉索夫的长诗《在俄罗斯，谁能幸福和快乐》中，诗人找遍俄罗斯，最终找到的快乐人物竟是枕锄瞌睡的普通农夫。是的，这位农夫有强壮的身体，能吃、能喝、能睡，从他打瞌睡的倦态以及打呼噜的声音中，流露出由衷的开心和自在。这位农夫为什么能开心? 因为他不为金钱介怀，把生活的标准定得很低。

法国作家罗曼·罗兰说的好:"一个人快乐与否，绝不依据获得了或是丧失了什么，而只能在于自身感觉怎样。"

有的人大富大贵，别人看他很幸福，可他自己身在福中不知福，心里老觉得不痛快;有的人无钱无势，别人看他离幸福很远，他自己却时时与快乐结缘。

有对下岗的中年夫妇在菜市上摆了个小摊，靠微薄的收入维持全家四口人的生活。这夫妻俩过去爱跳舞，现在没钱进舞厅，就在自家屋子里打开收录机转悠起来。男的喜欢喂鸟，女的喜欢养花。下岗后，鸟笼里依旧传出悦耳动听的鸟鸣声;阳台上的花儿依旧鲜艳夺目。他俩下了岗，收入减少了许多，却仍然生活得很快乐，邻居们都用惊异羡慕的目光看着他俩。

是的，也许我们无法改变自己的境况，但我们可以改变自己的心态。没了钱不要紧，但不能没有快乐，如果连快乐都失去了，那活着还有什么意义。快乐是人的天性的追求，开心是生命中最顽强、最执着的律动。

抛弃对身外物的贪欲，在物质世界和精神世界中，只要开开心心，生活的趣味就会更浓厚，恐惧和压抑感就会自然从内心深处消失。坦坦荡荡地做人，开开心心地生活，美好的日子就会永远留在你身边。

眼睛不要只盯在名利上

名，是一种荣誉、一种地位。不仅男人热衷名利，不少 40 岁女人为了一时的虚名所带来的好处，也会忘我地去追求名利。结果她们得到了名利，却失去了快乐的心境。

沉溺于名会让你找不到充实感，让你备感生活的空虚与落寞。尤为可怕的是，虚名在凡人看来往往闪耀着耀眼的光芒，引诱你去追逐它。尽管虚名本身并无任何价值可言，也没有任何意义，但是总有那么一些人为了虚名而展开搏杀。真正体会到生命的意义、人生的真谛的人都不会看重虚名。

几年前，马思尼自己创业当老板，年收入超过 50 万美元。不料，就在公司的业绩如日中天的时候，他突然决定把公司交给太太经营，自己则转到一家大企业去上班，月薪骤减为 6 000 美元。周围的人都无法理解他："你到底在想什么？"

马思尼透露，当时他的想法很简单：对方应允他可以拥有一间单独

的办公室，旁边摆着一台音响，每天愉快地听着音乐工作，而这正是他一直最想过的日子。

马思尼并不想做大人物，所以，他也从不认为男人就一定要当老板，有些事其实可以让给女人做。不过，他观察到大多数的男人好像都非得做个什么头儿，觉得有个头衔才有面子。

以前，他也有过同样的想法，到后来则发现这其实是"自己给自己的枷锁"。于是，他渐渐学会"欣赏"别人的成就，而不是处处跟别人比。"我跟别人比快乐！"他说，也许别人比他有钱，做的官比他大，但是，却比他活得辛苦，甚至还要赔上自己的健康和家庭。

马思尼说，他这辈子最想做的是当一名"义工"，虽然没有名片也没有头衔，但是一个非常快乐的人，"我希望能在 50 岁之前，完成这个心愿"。

许多女人是以工作和行动来决定自己存在的意义和价值，她们在乎实实在在的好处，例如，口袋里有多少钱，开什么车、住什么房子、担任什么职务等等，此外的东西对她们显然不重要了。

曾有一个笑话将"开同学会"比喻为"比赛大会"，看看谁嫁得好，谁赚的钞票比谁多。"嗯！她这几年混得不错，现在已经爬到总经理的位置了！""那女人更风光，有自己的别墅，老公开的还是八缸名车！"看到别人比自己混得好，就浑身不自在，顿时觉得矮了一截。

有一名 40 岁女士，早年费尽心力，终于拿到博士学位，并且在一所著名的大学里任教，在学术界享有盛名。提起自己的成就，她最得意的是："很多当年的同学都很羡慕我！"

当提及她的生活时，她的表情开始转为凝重。她承认自己几乎没有家庭生活："我一天只睡 5 个小时，绝大多数的时间都用来做研究。我的先生常和我争吵，唯一的女儿也跟我很疏远，我从来没有跟他们出去度过一天假，所有的时间都给了工作。"

　　一个女人非得要把自己弄得那么累吗？她重重地叹了一口气："唉！你不知道，干我们这一行，不进则退，后面马上就有人追上来了！"那么，感觉快乐吗？她愣了许久，最后终于说出真话："老实说，我一点都不快乐，我恨死了我现在的工作！我只想好好坐下来，什么事都不做。可是，我简直不敢回头想。以前，我的愿望只是想当一名高中老师。"

　　这是一个真实的例子。"名利"这个词，早已吞食了这个女士的心灵，对她只有伤害，毫无益处。无止境地竞逐成就，只有把女人弄得愈来愈累，很多女人的生活失去了平衡，她们不知道何时该停下来休息。

　　如果你的心里还在为领导这次提拔了别人而没有提拔你感到愤愤不平，如果你还在因为与你一起购买体育彩票的邻居中了大奖而你却什么也没有得到而久久不能释怀，那么看了上面的几个例子，你是不是觉得有所悟？其实，名利本来就是那么一回事。只要我们全身心地投入生活，那么即使没有了名利，我们也照样会生活得有滋有味、快快乐乐。

　　人生活在这个社会中，不可能事事顺心。或许一生的努力都是徒劳，或许高官厚禄、巨额钱财在顷刻之间就会离你而去，荣耀风光成为黄粱一梦。一些人老谋深算，为了争名夺利，不择手段地算计他人，可在突然之间却已被他人算计。人何必活得这么辛苦？因此，淡泊名利是人生幸福的重要前提。如果你渴望轻松，渴望真正地获得生命的意义，那么请记住——看淡名利。

放下你的攀比之心

一些40岁的女人坦言，不喜欢参加同学会，因为女人聚在一起就要攀比：比事业、比地位、比房子、比车子、比银子……于是，越比越急、越比越累。老实说这种烦恼都是自找的，放下攀比之心，你的生活一定会轻松很多。

尽管我们都知道"人比人，气死人"的道理，可在生活中，我们还是要将自己与周围环境中的各色人物进行比较，比得过的便心满意足，比不过的便在那儿生闷气发脾气，这其实都是我们的攀比之心在作怪，说白了还是虚荣心在那里作怪。

有这种心理的人，会将别人的任何东西都拿来与自己的进行比较：家里住多大的房子、有什么样的车子、老公的样子、花钱的派头、地板砖的质料、孩子的学习，当然更多的就是比谁家住的、吃的、用的、玩得更阔气！

历史上常有权贵们互相攀比的例子：

北魏时期河间王琛家中非常阔绰，常常与北魏皇族的高阳进行攀比，要决一高低。家中珍宝、玉器、古玩、绫罗、绸缎、锦绣，无奇不有。有一次王琛对皇族元融说："不恨我不见石崇，恨石崇不见我！"而石崇本身就是一个又富贵又爱攀比的人。

元融回家后闷闷不乐，恨自己不及王琛财宝多，竟然忧虑成病，对来探问他的人说："原来我以为只有高阳一人比我富有，谁知道王琛也比我富有，唉！"

还是这个元融，在一次赏赐中，太后让百官任意取绢，只要拿得动就属于你了。这个元融，居然扛得太多致使自己跌倒伤了脚，太后看到这种情景便不给他绢了，被当时人们引为笑谈。

南北朝时有一个叫符朗的官员，当时朝中官员们有一个时尚：用唾壶。符朗为了攀比、炫耀，让小孩子跪在地上，张着口，符朗将痰吐进去，攀比到了用孩子作唾壶的地步！

分析人之所以乐于攀比不疲的原因，实际上是一个面子问题。

人生在世，但凡是个正常的人，多多少少都有些虚荣，虚荣本来无可厚非，但虚荣过火之时便是让人讨厌之时。这攀比就是因过度虚荣而表现出来的一种让人讨厌的性格特征。

攀比有以下害处：

（1）让人情绪无常。当攀比之后，胜了别人，立刻情绪高涨，自大狂妄，以为天下唯有我是最了不起的；可是比得过甲，不见得比得过乙，不如乙的时候立刻情绪低落，感觉脸上无光，一点面子没有，恨不得找个缝隙自己钻进去。

像元融，见别人的财富珍宝多过自己，立刻满脸忧虑，甚至都愁出病来。

（2）易伤害交际感情。人在社会中，必须与他人交往，如果你在群体中不是去攀比甲，就是攀比乙，在攀比之中会伤害和你交往的对象。比得过，你便轻视别人，看不起别人，从而不尊重别人，别人只能对你不置可否；比不过的，你会满含妒意，或造谣，或诬陷，对人用尽一切诋毁之手段，同样会伤害别人的感情，破坏良好的交际关系。大家最后都懒得与你来往。

（3）攀比会使一个人容易走上犯罪道路。这犯罪无非是想尽一切办法去扩大自己的财富，提高自己的名声。当你所使用的手段不是那么正大光明时，比如你通过贪污挪用、行贿受贿来扩大自己的财富，好去虚荣地攀比，那么总有一天你会锒铛入狱的。

有很多人并不认为自己是攀比，而认为自己的花钱多、购物多、上档次、穿名牌、拿手机、玩掌上电脑是讲究生活品质，自诩自己的那些一掷千金、一掷万金的举动是"为了追求生活品质！""为了讲究生活品质！"

实际上，那些真正讲究生活品质的人并不是体现在表面上，也不是纯粹表现在物质这个浅层次上，"讲究生活品质"只不过是为自己肤浅的攀比行为打掩护。你只要在镜中照一下自己眼角的那处不屑、那处自满，你就会明白"生活质量"不过是攀比、炫耀的代名词！事实上，这只不过是失去了求好的精神，而将心灵、目光专注于物质欲望的满足上。在一个失去求好精神的社会中，人们误以为摆阔、奢侈、浪费就是生活品质，逐渐失去了生活品质的实质，进而使人们失去对生活品质的判断力，攀比着追逐名牌，追逐金钱，追逐各种欲望的满足。难怪人们在物质欲望满足之际，却无聊地在那儿打哈欠呢！无聊地在夜里互相攀比着烧钱玩！

但很多女人还是在羡慕那些住大房子、开名牌车、穿着入时的女人，以为那才是生活，那才是生活的本质，于是这些人不择手段地去追求，甚至到心力交瘁的地步。

如果你是一个攀比的人，一个试图攀比的人，那么停下你的脚步吧：

（1）别让虚荣阻碍了你享受生活。攀比让你的虚荣心满足，可为了这满足你却付出了多大的代价：想方设法、不择手段、焦头烂额、心力交瘁，更大的代价是你忘了生活中还有比攀比更让人感到愉悦的事情。

（2）创造你自己的生活品质。真正的生活品质，是回到自我，清楚地衡量自己的能力与条件，在这有限的条件下追求最好的事物与生活。生活品质是因长久培养了求好的精神，从而有自信、丰富的内心世界；在外可以依靠敏感的直觉找到生活中最好的东西，在内则能居陋巷、饮粗茶、吃淡饭而依然创造愉悦多元的心灵空间。

（3）思考攀比的意义。与别人攀来比去，你最后除了虚荣的满足或失望之外，还剩下什么？有没有意义？是徒增烦恼还是有所收获？最后思考的结果即毫无意义。你感到无意义，自然就会停止这种无聊的行为。

生活是自己的，只要自己过得开心、舒适就好，何必让有害无益的攀比损害自己的幸福呢？

幸福人生的半半哲学

40岁女人常常觉得生活和工作不相容，她们既想在工作上做出一番令人刮目相看的成就，又想过着自由惬意的生活，但结果，她们总是两头不讨好，顾此失彼。

有一句话是这样说的："工作可以使一个人高贵，但也可能把他变成禽兽。"这句话也可能是你的写照。意气风发的时候，你觉得自己仿佛可以征服天下；沮丧疲惫的时候，你看你自己可能连一只小蚂蚁都不如。

做着自己不喜欢的事，为了生计又不能辞职，那么别忘了，下了班之后，记得把自己拉回来！除了工作之外，你应该还有其他人生的目标，一些希望完成的事，例如，你真的想在阳台上种番茄，想到海边钓鱼，不要迟疑，赶紧动手吧！除了工作之外，生活依然属于你自己，不要忘了为自己的快乐奋斗！

做"双面人"时同样可以将自己塑造成"双赢人"。工作是赢家，

生活也是赢家。不管你有过多少丰功伟业，不管你是不是受人注目的偶像，回到生活里就把它忘掉吧！其实，世上大多数人的人生目标都很简单：平安地活着，拥有幸福的家庭，做一点让自己开心的事，就足够了！

人们生而有欲又从不加以限制，致使现代社会的大多数人都不约而同地追求欲望的满足，于是，无休止的竞技争斗和自我欲望的无限膨胀也就应运而生。有人将获取无限财富，并跻身于世界十富的排行榜，视做自己一生的奋斗目标；有人声色犬马、日耗斗金，过着奢靡得不能再奢靡的生活；还有人为了名声地位、出人头地，以至于竭思尽虑、无所不用其极。林语堂也是一个充满欲望的人，无论工作、金钱、感情和饮食上他都有着强烈的需求，但与众不同的是，他对这些欲望常常加以限制，这就带来了林语堂人生追求的"中庸"性质，即半半哲学的人生观。

林语堂深受儒家学派思想的影响，特别是孔子，所以林语堂对中庸思想推崇备至。他说："我像所有的中国人一样，相信中庸之道。"林语堂还非常喜欢清代李模（密庵）那首《半字歌》，认为它最形象地反映了自己的人生理想。这首《半字歌》写道："看破浮生过半，半之受用无边。半年岁月尽悠闲，半里乾坤宽展。半郭半乡村舍，半山半水田园。半耕半读半经廛，半士半姻民眷。半雅半粗器具，半华半实庭轩。衾裳半素半轻鲜，肴馔半丰半俭。童仆半能半拙，妻儿半朴半贤。心情半佛半神仙，姓字半藏半显。一半还之天地，让将一半人间。半思后代与沧田，半想阎罗怎见。饮酒半酣正好，花开半时偏妍。半帆张扇免翻颠，马放半缰稳便。半少却饶滋味，半多反厌纠缠。百年苦乐半相参，会占便宜只半。"这是对中庸哲学的形象阐释，它将天地人生的种种现象与关系写得绘声绘色，一览无余，其中在对天地万物的悲悯中又有着达观超然的人间情怀。没有对世界、人生的本质性理解，如何能深刻、透彻以至于此。作者也将天地间的冷暖、得失、出入、是非、进退、悲欢描述得更是入木三分。

其实，人生中存在着多个矛盾体，对每个矛盾体都应采取一种"半半哲学"的调和方法。因为人生永远有两个方面，工作与消遣、事业与游戏、应酬与燕居、守礼与陶情、拘泥与放逸、谨慎与潇洒。其原因就在于人之心灵总是一张一弛，若海之有潮汐，音之有节奏，天之有晴雨，时之有寒暑，日之有晦明。

林语堂将"半半哲学"运用到人生上，也为自己找到了一个有力的支点。他说："我们承认世间非有几个超人——改变历史进程的探险家、征服者、大发明家、大总统、英雄——不可，但是最快乐的人还是那个中等阶级者，所赚的钱足以维持独立的生活，曾替人群做过一点点事情，可是不多；在社会上稍具名誉，可是不太显著。只有在这种环境之下，名字半隐半显，经济适度宽裕，生活逍遥自在，而不完全无忧无虑的那个时候，人类的精神才是最为快乐的，才是最成功的。"这里所提到人生成败得失的问题，也涉及人生的最终目的问题，也可以这样说，是将人生的欢乐删除掉而一味追求所谓的创造，还是在创造之余保有一颗快乐、幸福之心？因此，在生活中一无所求，就没有忧虑。心态从容平静，精神饱满丰盈，生命充实内在，此种人生才值得一活。

人生苦短，最长命者亦不过百岁。以往我们的人生观可能比较注重不断地奋斗、获得，扼住命运的咽喉并与之抗争之精神，但相对忽略了充分地体会人生，细细地咀嚼生命中的每一时刻。

《菜根谭》中有这样几句话：

花看半开，酒喝微醉，此中大有佳趣。

若至烂漫烂醉，便成恶境。经历盈满者，慎思之。

凡事适可而止，欲念只求适度而已，不宜过火，太过犹如不及。

267

对事情过分追求，效果反而不美。不如放宽胸怀，追求另一种残缺的美，这更能将美发挥得淋漓尽致。僵化的概念，只会把自己活生生地钉死在框子里，生命遂变得呆板乏味。曾有心理学家说："若不能改变眼前的事实，则改变自己对这事实的看法。"正如一句歌词中唱的一样："人生就像一场戏，又何必太在意。"不要对此过分的认真或操心。

儒家讲"中庸"，佛教则提倡"随缘"。胆憨山大师的醒世歌，大有哲理，合乎中庸、随缘之道。

红尘白浪两茫茫，忍辱柔和是妙方。

到处随缘延岁月，终身安分过时光。

休将自己心田昧，莫把他人过失扬。

谨慎应酬无懊恼，耐烦做事好商量。

是非不必争人我，彼此何须论短长？

世界由来多缺陷，幻躯焉得免正常。

语气何等踏实，不愧为真参实学的箴言！

究竟要多少名、多少利，人才会有所满足？媒体的广泛传播，人们很容易了解各种阶层、各种身份的人如何争名逐利，又如何为了名利而身陷江湖，身不由己。看到那么多宦海浮沉、人情冷暖，应该想到，在名利之外，女人总是要为自己保留一些尊严。一介布衣不见得一定清寒，但绝对可有万丈豪气。

简单生活就是快乐生活

一直以来，人们不断地把各种有形、无形的东西加在自己身上，好让自己富有、充裕，让自己壮大、盈满，人们相信只有这样才能拥有幸福。然而，事实是我们想拥有的越多就会越烦恼，而简单的生活才能让我们快乐。

在报上读到一篇报道：信用卡滋生欠款一族，美国青年开始花"退休"后的钱——

约翰·唐纳德是休斯敦大学的一年级学生，他第一次在信用卡上签了名，得到了一件 T 恤衫。20 年后，他发现自己已经在 24 张信用卡上签了字，总计消费高达 16 万美元。

40 岁的米娜·霍尔度完蜜月回来，发现自己已经被老板炒了鱿鱼。她和丈夫不得不开始盘算如何偿付旅行以及购置新房家具的 4.6 万美元的现金。

与以往其他年代的人不同，现在 18～40 岁的美国人都是伴随着债务文化成长的。这种文化是由方便易行的信用卡产品、持续繁荣的经济以及奢华的生活方式组成的。有关人士指出，现在许多美国人往往是靠欠单生活，利用信用卡和贷款，来支付餐馆费用，来购买高技术玩具，以及新款汽车。有很多学生在他们大学毕业之前，就已经债台高筑。因债务缠身，不少人发现自己现在已经很难买得起房了。就像有人说的：我们得竭尽全力来偿还我们的欠款。

那么，这里到底出了什么问题？是信用卡不好，是"超前消费"不对，还是经济繁荣、高科技发展有罪？你看，什么手机、寻呼器、声

音邮件、配有第二部电话线的计算机或者 DSL 的接头、因特网服务产品和掌上电脑等等，可不都是高科技的产物？而这些东西又是年轻人最喜欢的，尽管它们价格昂贵。

还是一位美国女人自己说出了问题所在：电影、电视节目以及广告都在鼓吹这样一种观念——现代人有权享受丰富的生活方式。"在那疯狂的紧跟时髦生活的浪潮中，我们便不知不觉地陷入了金融麻烦中"。

睿智的中国古人早就指出："世味浓，不求忙而忙自至。"所谓"世味"，就是尘世生活中为许多人所追求的舒适的物质享受、为人欣羡的社会地位、显赫的名声等等。现代人追求的"时髦"、"新潮"、"时尚"、"流行"，像被鞭子抽打的陀螺一样忙碌——或拼命打工，或投机钻营，应酬、奔波、操心……很难再有轻松地躺在家中床上读书的时间，也很难再有与三五朋友坐在一起"侃大山"的闲暇。忙得会忽略了自己孩子的生日，忙得没有时间陪父母叙叙家常……

可怜的美国人，在电影、电视节目以及广告的强大鼓动下，"世味"一"浓"再"浓"，疯狂地紧跟时髦生活，结果"不知不觉地陷入了金融麻烦中"。今日的美国人尽管也在努力工作，收入往往也很可观，但收入永远也赶不上层出不穷的吸引你的消费产品的增多。如果他们不克制自己的消费，不适当减弱浓烈的"世味"，他们就不会有真正的快乐生活。

菲律宾《商报》登过一篇署名陈美玲的文章。作者感慨她的一位病逝的中年朋友一生为物所役，终日忙于工作、应酬，竟连孩子念几年级都不知道，留下了最大的遗憾。作者写道，这位朋友为了累积更多的财富，享受更高品质的生活，终于将健康与亲情都赔了进去。那栋尚在交付贷款的上千万元的豪宅，曾经是他最得意的成就之一。然而豪宅的气派尚未感受到，他却已离开了人间。作者问："这样汲汲营营追求身外物的人生，到底快乐何在?"

这位朋友显然也是属于"世味浓"的一族，如果他能把"世味"看淡一些，像陈美玲那样"住在恰到好处的房子里，没有一身沉重的经济负担，周休二日不值班的时候，还可以一家大小外出旅游，赏花品草……"这岂不是惬意的生活?

陈美玲写道:"'生活简单，没有负担'，这是一句电视广告词，但用在人的一生当中却再贴切不过了。与其困在财富、地位与成就的迷惘里，还不如过着简单的生活，舒展身心，享受用金钱也买不到的满足来得快乐。"

"只有简单着，才能快乐着"。不奢求华屋美厦，不垂涎山珍海味，不追名逐利，不扮贵人相，过一种简朴素净的生活，才能感受到生活的快乐，一种外在的财富也许不如人，但内心充实富有的生活，这才是自然的生活。有劳有逸，有工作着的乐趣，也有与家人共享天伦的温馨、自由活动的闲暇，还用去忙里偷闲吗?"世味淡，不偷闲而闲自来"。

"简朴生活"并不是要你放弃所有的一切。实行它，必须从你的实际出发。简单生活不是自甘贫贱。你可以开一部昂贵的车子，但仍然可以使生活简化。一个基本的概念就在于你想要改进你的生活品质而已，关键是诚实地面对自己，想想生命中对自己真正重要的是什么。

空闲时，你不妨回想一下自己的生活处境，因为一味追求繁复的生活，我们吃了多少苦头!因此我们要懂得放弃和放手的艺术，要树立简单生活的观念，这样一来生命就会向你展现出另外一个截然不同的景致和局面。

女人要学会知足与感恩

40 岁的女人要学会知足与感恩，这是构筑幸福生活不可或缺的要素，即便你的境况不那么尽如人意，但只要你把知足与感恩放在心中，就能够找到幸福。

《达到经济自由的九个步骤》一书的作者奥曼，自己买得起劳力士手表和名牌服饰，开得起豪华跑车，也能够到私人小岛度假，却坦白承认她没有满足感，甚至有好友在旁，她仍然感到孤独。

奥曼说："我已经比我梦想的还要富裕，可是我还是感到悲伤、空虚和茫然。财富居然不等于快乐！我真的不知道什么东西才能带来快乐。"

像奥曼那样，为钱奋斗了大半辈子才悟出"有钱买不来快乐"道理的人不在少数。她如果肯在圣诞假期当中静下心来读读普拉格的《快乐是严肃的题目》这本书，她会感悟出感恩之心是快乐的秘诀。

普拉格的书中引述了一个观点：人之所以不快乐，就是因为人本身出了问题，把有问题的部分修理好就行了。根据他的看法，不知感恩是造成不快乐的一大原因。特别是在布施礼物的"快乐假期"里，他提醒做父母的应该好好教导孩子学会感恩与满足。他认为，"如果我们给孩子太多，让他们期望越来越大，就等于把他们快乐的能力给剥夺了"。他认为做父母、做长辈的有责任要求孩子们学会从心里说"谢谢"。

知足也是快乐的重要条件。心理学家多易居说，佛家早就指出，人类不快乐的最大原因是欲望得不到满足与期望得不到实现，而美国文化培养出来的普拉格则详细区分"欲望"与"期望"。他说："虽然欲望也许有碍快乐，却是'美好人生'不可缺少和无法消除的成分；期望则是另一回事，例如，我们期望健康，但得付出代价。"

比如，某一天你发现身上长了个瘤，你心怀忐忑找医师检查。一个礼拜后，当听到诊断结果时，你会感到这一天是你一生中最快乐的一天。

事实上，这一天和你怀疑身上有瘤的那一天一样，生理上的健康情形并没有改变，但在精神上你却快乐得不得了。为什么？因为今天你并没有期望自己会很健康。

因此，我们能够也应该"欲望"健康，但不应该"期望"健康！就好像我们不应期望人生当中许多事：求职面试顺利，投资策略成功，甚至所爱的人长命百岁。他说，如果我们分不清"欲望"和"期望"，我们便会感到"失望"。期望得不到实现，不但会替我们带来痛苦，也会破坏我们的感恩心，而感恩心情是快乐的必要条件。

所有快乐的人都心怀感恩，不知感恩的人不会快乐，而你期望越多，感恩心就越少。在期望获得满足的一刹那，我们必须想到那绝不是必然的事。既然如此，感恩之心会增加我们的愉悦，也会使我们将来不至于不快乐。

如果你仍觉得自己不是一个幸福的女人，那么就看看下面的内容：

假如将全世界各种族的人口按一个100人的村庄且按比例来计算的话，那么，这个村庄将有：57名亚洲人；21名欧洲人；14名美洲人（包括拉丁美洲）；8名非洲人；这其中有52名女人和48名男人；30名白人和70名非白人；30名基督教徒和70名非基督教徒；89名异性恋者和11名同性恋者；6人拥有全村财富的89%，而这6人均来自美国；80人住房条件不好；70人为文盲；50人营养不良；1人正在死亡；1人正在出生；1人拥有电脑；1人拥有大学文凭。

如果我们以这种方式认识世界，那么忍耐与理解则变得再明显不过了。

也请记住下列信息：

如果今天早上你起床时身体健康，没有疾病，那么你比其他几百万人更幸运，他们甚至看不到下周的太阳了；

如果你从未尝试过战争的危险、牢狱的孤独、酷刑的折磨和饥饿的滋味，那么你的处境比其他五亿人更好；

如果你能随便进出教堂或寺庙而没有任何被恐吓、暴行和杀害的危险，那么你比其他 30 亿人更有运气；

如果你的冰箱里有食物，身上有衣可穿，有房可住及有床可睡，那么你比世上 75% 的人更富有；

如果你在银行里有存款，钱包里有票子，盒里有零钱，那么你属于世上 8% 最幸运之人；

如果你父母双全，没有离异，且同时满足上面的这些条件，那么你的确是那种很稀有的地球之人；

如果你读懂了这些信息，那么你刚刚得到了一个双重的祝福，因为至少有发这些信息的人在想着你，而且你不属于那另外 20 亿文盲。

因此，为你现在所拥有的幸福欢呼吧，当然也不要忘记随时为幸福加温：

①保持健康，有健康的身体才有快乐的心情。

②充分休息，别透支你的体力。累则心烦，烦易生气。

③适度运动，会使你身轻如燕，心情愉快。

④爱你周围的人并使他们快乐。

⑤用出自内心的微笑和人们打招呼，你将得到相同的回报。

⑥遗忘令你不快乐的事，原谅令你不快乐的人。

⑦真正地去关怀你的亲人、朋友、工作和四周细微的事物。

⑧别对现实生活过于苛求，常存感激的心情。

⑨享受人生，别把时间浪费在不必要的忧虑上。

⑩身在福中能知福，也能忍受坏的际遇，且不要忘记宽恕。

⑪献身于你的工作，别变成它的奴隶。

⑫随时替自己创造一些容易实现的盼望。

⑬每隔一阵子去过一天和你平常不同方式的生活。

⑭每天抽出一点时间，让自己澄心静虑，使心灵宁静。

⑮回忆那些使你快乐的事。

⑯凡事多往好处想。

⑰为你的工作做妥善的计划，使你有剩余的时间和精力自由支配。

⑱追求一些新的兴趣，但不是强迫自己去培养一种习惯。

⑲抓住瞬间的灵感，好好利用，别轻易虚掷。

⑳在生活中制造些有趣的小插曲，制造新鲜感。

㉑如果心中不愉快，找个和平的方式发泄一下。

㉒泡壶好茶，找三两知己，随心所欲地畅谈一番。

㉓偶尔忘记你的计划或预算，随心所欲吧。

㉔重新安排你的生活空间，使自己耳目一新。

㉕搜集趣闻、笑话，并与你周围的人共享。

㉖安排一个休假，和能使你快乐的人共度。

㉗去看部喜剧片，大笑一场。